U0165284

拍賣場的人生故事

一槌破億的
藝術拍賣官幕後驚奇

游文玫——著

推薦序
就寫一種信賴

陳學聖／前立法委員

文玫大學念的是社工，拿的是國際關係博士，做的是政治幕僚工作，最後竟然在文化藝術界大放異彩，還成就了第一位領有兩岸執照的拍賣官。不可不謂秀異！

但這不是運氣，而是無數的準備後，機會的精準掌握。

文玫從我踏入政壇後跟著我，從台北市議會、立法院、桃園文化局到重回立法院，她一直是我重要的左右手，有她在，我不用擔心他事，只要把問政做好，從無後顧之憂。

在政界久了，不分藍綠，也都知道文玫這號人物，不僅欣賞她，也清楚她可以完全代表我，這種信賴關係，在高度風險的政治圈，是非常難得的。以此資歷和實力，文玫走上政壇應該是必然之路，而且很多人看好她也將是一顆可被期待的新星。但是文玫卻在政治攀峰中，突然轉換了山頭！

或許是她真正找到了文化藝術是她的最愛，也可能是我把她「半推出」政治圈，成就了她的新生命。我和文玫說，政治是非常高風險的行業，不是因為你表現好，就一定有連任的機會，其間有太多詭譎的變數。若以我私心，她若能接棒，當然是個人政治生命的延伸，而且很多政治人物都是這樣計畫安排的。但人生是否只有這樣的選擇？

在懇談後，我將她「借」給了中華民國畫廊協會，沒想到一借就借對了，不僅過往文化行政、政治閱歷協助了畫廊協會歷任理事長開創新局、大步跨前，最重要的是，文玫找到了自己的最愛，也成就了自己！

但這背後最主要的關鍵，是文玫在哪一個崗位，都能敬業學習，主動承擔，摸索未知，所以才能獲得每一位共識過的老闆高度信賴，是她創造了自己的價值，是敬業成就了專業，用心多深，就越呈現了文玫的璀燦亮麗。

推薦序

落槌人生最高點

劉墉／藝術家、作家

精讀了游文玫的新作，稱得上是一字不漏地看完，對於喜歡跳躍式閱讀的我，這是少有的事。因為幾個原因：

一、這本書寫得深入淺出，雖然屬於教科書級，但是十分生動易懂，讓我一讀就放不下來。

二、我雖然算是個小小的收藏家，也參加過許多競拍，但是對拍賣行業還是一知半解，這本書解答了不少我的問題。

三、對游文玫好奇，這位獲得暨南大學東南亞研究所博士的高䠷美女，從立委辦公室主任到畫廊協會秘書長、藝術品拍賣官、中華藝術拍賣協會理事長、中華身心障礙運動休閒服務協會理事長，可以說是從政界、教育界、藝術界、學術界，到公益事業都卓然有成，她是怎樣超越自己、成就自己？

讀完這本書，所有的問題都獲得了解答，它從拍賣的歷史源流、中西拍賣市場的發展，拍賣官的執照獲取、拍賣的鑑定估價、圖錄、預展、登記舉拍、落槌，其中理論，甚至技巧，書裡全做了分析，怪不得游文玫能成為台灣第一位獲得大陸認證的拍賣官。我一邊讀，一邊想，有志拍賣行業的人，必須先熟讀這本書，某些方面它簡直就是報考執照的參考書。

許多我過去不太懂的拍賣場規，也確實在書中獲得解答。譬如台灣的書畫拍賣預展，我常去，卻沒遇過游文玫，看書才知道那些自由拍賣官（也就是不專屬某公司），雖然事先都會詳看拍品，但十分低調，避免與某些藏家見面，以避嫌。

我也由游文玫的書中知道拍賣公司的老闆常坐在台下送訊息。舉個例子：賣家開出的底價是一千萬，拍賣目錄估價最低也是一千萬，但是當拍賣官發現場上最高出價雖然沒到底價，卻也不低，對拍賣公司有一定的利潤時，可以落槌拍出，只是仍然得照底價付款給賣家。

這落槌可以由拍賣官全權決定，也可能是與拍賣公司主管「微妙」地交換信息之後決定。

還有一點是拍賣時，雖然喊價有約定俗成的進階，譬如二，五，八，但是拍到緊要處也可能有台下的買家喊價，最後以很小的價差落槌。這也要由拍賣官現場決定是否讓一馬。

拍賣官的技巧真是太多，權力也太大了，應該說影響更大，一個高明的拍賣官能掌握時間、節奏、拉動情緒、哄抬熱度，甚至在冷場時改變節奏，深入介紹拍品、甚至幽默一下，重新燃起熱度。我就看過游文玫在「帝圖拍賣」當中，明明場子已經冷下，似乎沒人應價了，卻被她重新「炒起」，再帶動一波人氣，最後落槌在驚人的高價。

讀游文玫的書，如同看她這個人，有嚴肅的「學霸」，也有俏皮的「才女」，她會說自己在考試後躲在棉被裡大哭，拍完之後啃個包子出來對工作人員致謝，還會講她因為血糖太低在台上昏倒過。游文玫甚至不掩蓋自己的年齡，說她拿到拍賣師執照時是五十二歲。凡此，若非有強烈的自信，是很難做到的。

游文玫在書裡也提到我，曾從紐約寫信給她，說我隔海觀戰的感想。確實，每次看她似乎水不喝，洗手間也不去，一站五、六個小時，仍然精神抖擻、中氣十足，真是不得不佩服。怪不得她能成為台灣第一個把單件拍品拍過億元，將溥心畬作品拍出最高價，並創造黃君璧全球最高落槌價的拍賣官。

更重要的是她能不藏私寫出這本書，而且在事業成功之餘，努力為台灣藝術界爭取權益，推動拍賣分離課稅的立法，更致力於公益事業，甚至參與保護動物協會，關懷流浪貓狗。

游文玫在書的一開始提到獲獎名片《寂寞拍賣師》，她跟電影裡的主角真是對比，她很溫馨、很慈愛、很靚麗，神采奕奕、活力無窮，是「從不寂寞的拍賣師」，而且總能夠落槌在人生的最高點！

自序
從起拍到落槌——拍賣官的關鍵時刻

環視我的住所，我最喜歡的空間就是書房，走進書房看到滿櫃的書籍，其中有四大櫃排列的是我曾經主持過拍賣會的拍賣圖錄，我的指尖輕輕地划過一本本拍賣圖錄，每一本圖錄不僅代表著我的戰績，更是拍賣場人性試煉的寫照。三年前，我開始將我所主槌的每一場拍賣會逐一回憶，以文字記錄在主槌拍賣會當下是什麼樣的心情？拍過最特別的拍品是什麼？哪一件拍品創出了高價？哪一場專拍獲得了白手套的佳績？又或者哪一場拍賣會發生了令人難忘的事件？或許是拍得精彩，又或者有需要再檢討精進的地方。

每一次拍賣會，都是全力以赴的第一次！在逐一整理每一場的拍賣紀錄之後，想要出書的念頭隱然浮現，除了拍賣實錄之外，加上我之前接受拍賣官培訓所獲得的專業知識，以及我在拍賣會中所感受的領悟，集結成為一本拍賣產業專書。拍賣產業是視覺藝術的第二市場，審視台灣出版的圖書中，極少有拍賣相關的專業書籍，這本書是想補充拍賣相關的知識體系，或許並非全面，但是透過我的親身經歷和觀察，我想傳遞給讀者的，不僅僅是我的人生故事，更是一份對於產業推廣的熱情。

準備了三年，上天終於聽到了我的心聲！二〇二四年六月，時報出版公司的趙董事長突然傳了一個訊息給我，他問我：「文玫，想不想出書？將你的拍賣人生故事寫出來！」趙董事長這一則訊息，啟動了我將想法化為實際行動的決心，即便是白天工作相當地忙碌，但晚上及假日休息的時間，就是我的寫作時間，其實書本的內容已經在我的心裡輾轉徘徊了無數遍，以文字呈現，於我而言，就像從鋼琴彈奏出的旋律那般的自在與流暢。

在書本的一開始，我以站上拍賣台執槌的第一次經驗，作為起手式；接著我也想讓各位讀者有一些知識性的收穫，包括拍賣會拍什麼？拍賣會有哪些角色？如何成為一位藝術品拍賣官？如何執行拍賣會？以及拍賣與經濟學、心理學的跨領域應用知識，這一部分是想讓讀者對於「拍賣會是什麼？」能夠有一個基礎的認知輪廓；接下來，我的傳奇際遇才要開始，那是一尊佛像的千里牽引，以及一通電話改變我的人生故事，考取拍賣執照的心路歷程與考場顯影，也將在這一個段落呈現。

大家最好奇的應該是我所從事的拍賣官這份職業吧?!拍賣場永遠充滿著驚奇，順著章節，在接下來的單元，將以自己以及我的拍賣官朋友們的經驗，來描述拍賣官應具備的特質。這一段將非常有趣，也希望各位讀者好好享受這一段極有畫面感的故事；最後還是要回到台灣拍賣產業環境的描述，將以我在拍賣產業上的貢獻與奮鬥，來貫穿內容。當你看過〈從最後一排站上第一排〉這一篇文章之後，相信各位讀者應該能深深地感受到我從一位拍賣場新生，到被賦予重要責任的勵志故事，我也期待各位讀者能夠跟我一樣，從這本書當中讀到了「不放棄努力」、讀到了

「抓住機遇」、讀到了「如何勇敢」。

每個人都有屬於他的人生故事，讀完這本書，除了看到拍賣場的人生故事，相信也會帶給各位知識收穫，你可以當成這本書是一本拍賣產業的教科書，你也可以當成是觀看一種人生的體悟。無論如何，我都非常感謝一路走來給我鼓勵、給我機會、激勵我、鞭策我、關注我的每一位貴人，包括正在閱讀本書的你！

目錄

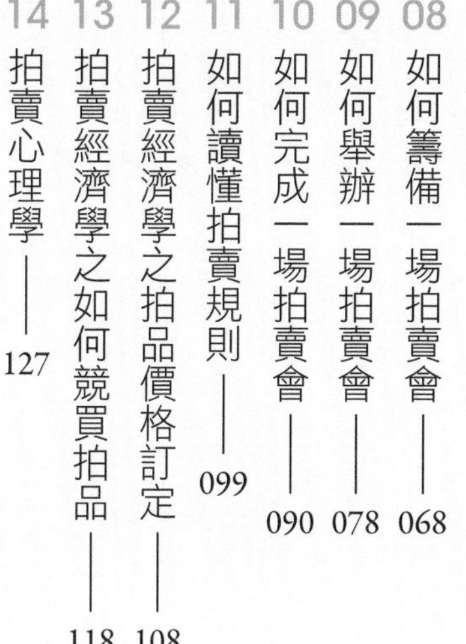

第二篇　拍賣會知多少

第三篇　拍賣官的人生故事由此開始

第四篇　萬中選一的拍賣官特質

第五篇　繼續奔跑，更上一層樓

第一篇　推開拍賣會的大門

01 夢想成真第一槌

人生的故事中，最難忘、最值得回憶的應該是第一次的經驗吧！身為一位拍賣官，我常被人問及第一次上台是什麼場景？心情如何？第一次執槌的拍品是什麼？為什麼會成為拍賣官的人選？真正登場前做了什麼準備？有什麼神妙的機緣，讓我持續在拍賣場上發光發熱，進而成為台灣眾多拍賣高價紀錄的保持人？

時間是二〇二二年十二月二十五日，場景是在拍賣會的現場，我站在台上環視全場，準備報出起拍價，同時我也感受到買家們的眼神從八方射過來緊盯著我，在帝圖藝術秋季拍賣會「國之重寶 千百之一：再續大風堂祕藏」的專題拍賣，眾買家關注著即將登場的拍品，那是一幅妖嬈的《摩登仕女圖》；張大千自敦煌臨摹歸來後，筆下女性人物作品，最具代表性者，現代女性非此《摩登仕女圖》莫屬。畫中仕女呈仰躺之姿，身著翠綠旗袍，兩臂環首為枕，髮浪如波，倚於紅底綠花之圓枕上，一派慵懶嬌柔之態。

除了現場的買家，電話委託席的工作人員也紛紛與競拍的買家接通電話後，我不疾不徐地宣布以八千萬元起拍，現場買家牌號 8866 首先應價，電話那頭的買家牌號 8889 旋即跟進加價至八千五百萬元，牌號 8866 買家為奪回拍品，高高舉起紅色號碼牌吸引我的注意，以九千萬元將最高應價從電話委託買家拉回到了拍賣現場買家。此時，另一位用電話競價的新買家牌號 8810 突然出招，豪氣地再追加到九千五百萬元。一億元是買家的心理關卡，我知道如果挺過一億元之後競價價格將再騰飛，我刻意地轉而介紹畫作的著錄與用印，蓄積買家們的渴望能量，衝過了一億元之後，買家們殺紅了眼，一億一千萬元、一億二千萬元、一億三千萬元、一億四千萬元、一億五千萬元，電話線上跟現場的買家們輪番爭奪最終的競買權利，一位買家沉不住氣了，牌號 8810 說他要自行報價一億五千五百萬元，我口頭同意他的自行報價，用眼神催動其他競爭者勇敢出價，最終由電話線上買家以一億九千五百萬元噴出了最高價，拍賣官我經由三次報價確認再無更高應價後落槌，響亮的敲擊聲像是激昂的歡呼聲，張大千這件從君去作非非想的《摩登七戒仕女圖》不僅讓買家們瘋狂，加計服務費後成交價二億三千萬元，更是創下了台灣最高的近現代書畫拍賣紀錄，印證大千神品摩登既出，誰與爭豔，而我也成為台灣拍賣張大千作品最高價紀錄保持人。

這是我第九十八場主槌的拍賣會，回首十餘年前，能成為一位藝術品拍賣官，是基於一個非常巧妙的機緣，因緣際會在競爭激烈的拍賣場上，竟然有一個站到拍賣台上的機會。藉由這個機會，一次次所累積的拍賣歷程，都是難得的人生體驗，這個體驗不僅僅是我自己，也是其他參與拍賣會的每一個角色，甚至是這些拍賣品們所共同形構出來的拍賣場人生故事。對一般人而言，總覺得拍賣會好像是門檻很高、門很窄，能進到拍賣會應該都是有錢人才能進行的交易模式，其實我也想藉由這一本書，為您打開一扇門，當您走進門後，將會發現拍賣的世界精彩絕倫。

猶記得人生中第一場拍賣會初體驗，是在二〇一三年十二月二十一日，那是「臺灣世家」的秋季大拍，當時台灣的拍賣市場正逢重新復甦，產業人才奇缺，更遑論專業的拍賣官。我因協助二〇一三年四月十四日「臺灣世家」春季拍賣會緊急通關作業，加上經常受邀演講，而在秋季拍賣會時被中國信託集團新舞台任職的田鑫泉處長推薦，首次登上拍賣台。那一場拍賣會在交通部的集思國際會議中心舉行，受到拍賣公司董事長賴海建與總經理馬子謙的肯定，我主槌「潛龍騰淵—瓷器雜項專場」一百多件的拍品，及至今日已累積超過百餘場執槌資歷。拍賣主持技巧當然還是得有專人來提點，這項任務就由拍賣公司老闆在上台前給我半個小時的訓練，當時的我自信滿滿膽子很大，僅僅半個小時緊急培訓就上場，培訓重點是指導手勢、拍賣流程、拍賣規則，另外還要記住每一口價錢是多少錢，我就真的如他所指示的努力熟背後，穩步走到台上執起手槌，開始拍賣生涯中的第一場主持任務。

那天我穿了一件紅色的外套，面對偌大的拍場及眾多的買家，想以紅色強化我的氣場，也掩飾內心的不安，我翻開圖錄介紹第一件拍品，那是四件一組的宋代「建盞」。宋代非常流行「鬥茶」，它是貴族文人之間時興的風雅娛樂活動。所謂鬥茶是將茶葉磨製成茶粉，放在建盞裡加入水後，用器具將茶水攪打成乳白色，杯緣上也會附著白色的泡泡，泡泡持久不散者即為勝出，比湯花也要比茶水的顏色，以黑色為底的建盞正可映襯茶水湯花的顏色。此組拍品建盞形狀如杯，釉色深淺不一，起拍價是七萬六千元，但落槌的價格我真的不復記憶，因為在台上我雖表情鎮定，其實內心焦慮無比，深怕場面冷清沒有人舉牌應價，也擔心記不住每一口價錢，常偷瞄桌上的小抄，但是落槌的那一刻卻令人雀躍振奮，成就感滿滿。

不知道經過了多久，終於將圖錄中所有拍品逐一拍完，回到後台我急切地想知道大家對我的處女秀評價如何？當時坐在台下的除了有買家之外，還有其他也想開拍賣公司的老闆們或者是業界的前輩，彼此都在互相觀摩。後來我才得知他們在聊天的時候就在詢問，剛剛上面主持拍賣會的這位女拍賣官是誰啊？沒有見過她，但是她的節奏感掌握得很好。也因為業界前輩們給予正面的評價，尤其是所謂的「節奏感」很好，或許是我在擔任拍賣官之前，經常在學校講課或接受外界邀請演講，每一次在授課或是在演講的時候，我都當作是非常重要的口語鍛鍊而全力以赴，也因為如此慎重的心態獲得肯定，而有繼續擔任第二場執槌主持的機會。

能站在拍賣台上主持看似偶然，我卻也在此之前下足功夫多方觀摩。二〇一三年「臺灣世家」春季大拍的拍賣官是陸潔民，當時他名聲赫赫，坐在台下的我在懵懵懂懂間試圖揣摩拍賣主持是怎麼一回事；二〇一三年九月二十九日帝圖藝術在克緹大樓舉行拍賣會，我也坐在台下觀摩拍賣官主持「亞洲當代藝術專場」；我不僅觀摩台灣的拍賣官執槌技巧，還刻意飛到深圳觀摩大陸的拍賣官是如何開場？如何進行拍賣？我努力記錄台詞、手勢、姿態，雖然在彼時，我還不知道自己是否有機會擔任拍賣官，但我深信「機會，是留給準備好的人」。

二〇一三年是我的幸運年！十二月首場「臺灣世家」拍賣會的執槌經驗，讓我更加堅定往專業拍賣官的方向邁進，但心中不免疑惑能否獲得更多的拍賣公司青睞？一週之後，奇蹟發生了！十二月二十七日，許久不見的友人丘昌其董事長突然來訪，閒聊中才發現丘董事長與帝圖藝術拍賣公司董事長劉熙海是舊識，在丘董事長的安排下，我與劉熙海董事長伉儷正式見面，恰巧帝圖藝術需要有經驗的拍賣官，雙方一拍即合，很快就約定由我主槌二〇一四年六月二十二日帝圖藝術春季拍賣會「亞洲現代與當代藝術」及「近現代書畫」專場，這是我第一次與帝圖藝術合作，如此的機緣，隨著藝術業務蓬勃發展，締造了我日後陸續創下張大千、溥心畬、黃君璧、于右任、臺靜農等大師作品在台灣拍賣的最高價紀錄，也同時是篆刻印章、書畫類、信札類在台灣的最高價拍賣紀錄保持人。一場無預期的拜訪，卻牽動台灣拍賣的歷史，之後的故事，且讓我娓娓道來。

拍賣場人生小領悟

越努力，就越幸運！機會，不僅是給準備好的人，更會給為自己創造機會的人。

踏上拍賣官之路

02 從電影看門道

為何我在主持人生的第一場拍賣會前，需要去看一部電影？電影場景暗藏玄機，男主角是一位拍賣官，在他的家中有整衣櫃的手套，這畫面帶給我什麼啟發？從意氣風發到意志潰散，男主角在拍賣台上到底發生了什麼事？一段拍賣官與買家串通的劇情，為什麼會啟迪我的執槌信念呢？

二〇一三年那段時間，是台灣拍賣產業第二波重新再復甦的關鍵期，拍賣市場正面臨拍賣專業人才不足的窘境，我因當時任職於國會，經常主持會議，又在大學兼職授課，於是被推薦擔任拍賣官，當時心情是喜憂參半的，喜的是能被賞識嘗試這份大家都覺得權威感與神祕感兼具的任務，憂的是深知光靠一股熱情來登台主持拍賣會其實是不足的，怎麼辦呢？二〇一三年十二月中，那時我正積極準備著人生中的一場拍賣會，友人蔡健雄先生好意建議我去看院線正上映的電影《寂寞拍賣師》（*The Best Offer*），我基於好奇，更期待能在電影當中看到拍賣會的場景以及過程，所以第二天晚上便獨自驅車前往誠品電影院，興沖沖地買票坐進黝暗的座位，開始一場心理淬鍊。

《寂寞拍賣師》是由義大利導演朱賽貝・托納多雷編劇執導、曾獲奧斯卡終身成就獎的作曲家顏尼歐・莫利克奈操刀配樂、奧斯卡最佳男主角獎得主傑佛瑞・洛許擔綱男主角，三位頂尖人物攜手呈現兼具浪漫與懸疑氛圍的文藝電影。傑佛瑞・洛許飾演一位在藝術拍賣界享譽盛名，但生活孤僻的拍賣官佛吉爾，他渾身散發高深莫測卻又神祕的氣質，劇情開場就描述男主角不停的穿梭在藝術品之間，執行鑑定估價工作，他意氣風發地指揮著工作人員記錄整理，那是一種專業所產生的自信與驕傲。隨著劇情進展，有一天他接到一通自稱克蕾兒的女子來電，表示希望委託拍賣官佛吉爾協助拍賣她從父母繼承而來的古宅，以及古宅內的所有物品，這項拍賣委託籌備工程浩大，但克蕾兒時常爽約的作為讓佛吉爾心生不滿，幾經周折卻意外讓佛吉爾對這位女子產生好奇，引發一連串令人拍案叫絕的騙局，令觀眾不自覺整個情緒都被帶入劇情當中。導演在敘事手法上的細膩心思，劇情鋪陳的高明處理，拍攝畫面呈現古典美學的氣息，運鏡及美術設計上，均具有獨特的美感，雖然劇情所揭露的是人性黑暗醜陋面，但在視覺上，導演也對觀眾做了補償。

我十分專注地觀察電影的每個場景細節，這部電影對於拍賣官的主持技巧了解是有限的，但是其中幾段場景與劇情，對於我之後主持拍賣會的心態與認知，卻是有莫大的啟發與影響。影響之一是讓我深刻體會身為一位拍賣官需堅持的操守，禁絕私下串通欺詐行為，也不該運用拍賣官的權力滿足個人私利。電影其中一個場景是男主角豪宅內有間密室，走進密室，映入眼簾的是牆上掛滿百幅不同畫風流派的女子肖像作品，他經常待在密室內靜靜欣賞他的拍賣戰利品，臉上滿意的神情有如坐擁後宮佳麗三千。然而這些珍貴仕女畫得來的過程並不光彩，佛吉爾是一位能鑑別偽作的知名拍賣官，凡是他中意的仕女畫作品，他會故意鑑定為仿品，在拍賣會上以低價拍賣，然後再安排一位夥伴作為內應充當買家舉牌，當價格來到佛吉爾設定的購買價位時，他就運用拍賣官的權力，將畫作拍給內應買家，等拍賣會結束後，私下交付款項給內應，轉而將畫作收藏為己有，可能一幅價值八千萬英鎊的名作，由於刻意壓低估價，最後以九萬英鎊就落槌。這個劇情給我的啟發是拍賣官應該要秉持著公平、公正、公開的心態，不應該採取不正當的參與競買手段，透過這部電影促使我在拍賣場上建立起正確的心理準備。

電影對我的第二個影響與啟發是拍賣官需要具有強大的情緒控管能力，才能在拍賣台上發揮應有的專業執槌水準。這段劇情十分令人揪心，男主角止要主持他人生最後一場拍賣會，會前卻發現豪宅密室內的仕女畫作被欺騙他的女主角克蕾兒席捲一空，連帶地他所嚮往的愛情也消失無蹤，他的心亂了，電影鏡頭焦點放在珠寶盒中墜落滾出的婚戒，那是男主角打算結束拍賣執槌工作後，為心所嚮往的第二段甜蜜人生所準備的求婚戒。面對如此殘酷的局面，一向在拍賣會上自視甚高、氣場強大、遊刃有餘的拍賣官，卻思緒不寧，他一反常態荒腔走板的結束人生中最後一場拍賣會，留給眾人的是驚愕與負評。這段劇情讓我省思拍賣官需要具備非常堅強的心理素質與自控能力，不論在拍賣會前遭逢多大的困難與挑戰，站在拍賣台上，就必須將混亂的思緒設法排開，全身心地貫注在即將面對的拍賣會上，別讓心魔與困厄減損氣場。其實在台下的買家們是非常敏銳的，他們可以感受到拍賣官的自信，也能感受到拍賣官的脆弱。因此，拍賣官就得深刻體認，站上台就不能任由個人情緒影響專業表現，任何挺不過的難關，且等拍賣主持完，再來冷靜面對。

佛吉爾在電影中的角色設定是一位有嚴重潔癖的拍賣官，吃飯要戴著手套，打電話要戴著手套，就連主持拍賣會也戴著手套。將房間的衣櫃拉開，有整櫃的手套，雖然在劇情中僅維持數秒鏡頭，手套的畫面卻引發我後續查找研究，原來拍賣官這個職業真的跟手套有關係，在拍賣官的領域裡手套還有另外一層意義，當然不是電影中男主角所戴的皮手套，而是「白手套」。什麼叫做白手套呢？拍賣界的「白手套」是拍賣官的一種最高榮譽。當一場拍賣專場達到一〇〇%的成交率，拍賣公司將贈送給拍賣官一副潔白的手套，以示尊敬和謝意，這代表著對拍賣官最高度的認可，類似在體育賽事中獲得大滿貫。

二〇二二年七月，三立電視台記者曾來採訪，要我談談拍賣會的「白手套」。在歐洲傳統中，白手套象徵權威和聖潔，早年的歐洲騎士將白手套戴上，表示執行神聖任務；把手套扔在對方面前，表示挑戰決鬥。在結婚喜事中，新郎與新娘也按禮俗戴白手套，但代表的意義各不相同，新郎的白手套象徵劍，用於保護新娘；新娘的白手套則源自歐洲中世紀的習俗，男子若向心儀的女子表達愛慕之心，會贈予女子一雙白手套，若女子上教堂禮拜時戴上白手套，則代表接受男子的求婚。後來白手套代表的意義卻被隱喻為政治上的非法行為，以中間人扮演漂白黑錢的角色，有如戴上一副白手套，別人無法察覺真正做壞事的手是骯髒的。現代作家郭沫若所撰寫的傳記類作品《洪波曲》中就首先寫到：「罪犯們都有一雙血手，但在這雙血手上，時時又戴上一雙白手套。」或許這也是白手套被汙名化的開端吧！

了解白手套對於拍賣官所代表的意義後，這部電影對我的第三個影響與啟發是對於「白手套成交」榮譽的追求，拍賣界的「白手套」承載了更多的價值。在我的執槌生涯中，曾迎來數次獲得白手套的機會，例如二〇二一年八月一日帝圖藝術春季拍賣會，由我主槌的「日本重要藏家舊藏—曠代草聖 于右任書法專題」五十二件拍品白手套落槌，成交價破億。又如二〇二二年六月三十日，帝圖藝術春季拍賣會「百年一遇、敵國之富—再續大風堂祕藏」專題，上拍的十五件作品再次一〇〇%白手套成交。其中大風堂自用印方介堪篆刻封門青田平頂「老棄敦煌」方章，競標過程精彩熱絡，自六十萬元起拍，多組買家持續追價至九百萬元落槌，創下當時張大千自用印世界紀錄。這些戰功依拍賣會的慣例，拍賣官可以獲得「白手套」，追求榮譽，是面對未來前進的動力，能夠催人不斷奮進。

電影英文片名為「*The Best Offer*」，代表「最佳的出價」，電影要告訴觀眾，一場騙局好比作品是一個贗品。而人生就像拍賣會一樣，對於心愛的拍品，無論他人做何評價，你將會做出最佳的出價，而這個價格就代表心目中對於這個藝術品價值的認定，不論高與低，就是如此真實的存在。一部電影，三個啟發。別人看的是懸疑曲折的愛情詐騙，我看的是男主角所演繹真假善惡

的拍賣人生，電影劇情是負面教材，我卻從劇本的酸甜苦辣中，找出門道，調出屬於我自己的人生滋味。

拍賣場人生小領悟

用非正當方式得來的，因果必定來插手！保持正念，心態決定我們的狀態！

拍賣會現場與出價實況（右上圖／帝圖藝術提供）

03 拍賣會拍什麼？

從古至今話拍賣，拍賣會最早是拍什麼呢？拍賣行的興起，竟然跟戰爭有關？在戰爭期間，拍賣會仍然躲在防空洞裡進行，對拍賣居然如此熱衷，連命都不要？拍賣品包羅萬象，無所不拍，有人居然拍賣起炸雞跟靈魂，真的有人買嗎？猜猜看，我主持生涯中拍賣過最特別的拍品是什麼？

二〇二〇年，當全球正深陷疫情危機的時候，諾貝爾經濟學獎頒給鑽研拍賣理論的二位美國經濟學家，史丹佛大學的保羅·米格羅姆（Paul Milgrom）以及羅伯特·威爾森（Robert Wilson），獲獎理由是他們對拍賣理論的改良以及新拍賣機制的研發。當學者用拍賣制度來改善我們日益複雜的交易行為，其實「拍賣」在幾千年前就已經開始了。

拍賣（Auction）是一種有趣的交易形式，賣方總是希望能把物品賣給出價最高的人，買方則總是希望用最低的價格買到拍品，在拍賣場上往往能見到最真實的人性。然而，拍賣會剛剛興起的時候到底是拍什麼呢？且讓我先來分享兩個故事。

第一個故事要從法國十九世紀學院派的著名畫家和雕塑家讓·萊昂·熱羅姆（Jean-Leon Gerome）於一八六三年創作的一幅布面油彩作品《拍賣奴隸》談起，這幅畫作描繪了奧斯曼土耳其帝國時期，奴隸交易的場景。畫作中央有位看起來非常年輕健康的女奴，她赤裸著身軀站在高台中央等候被拍賣，爭相競價的商人們伸出手指示意購買女奴的價格，女奴害怕地用手捂住了雙眼，她不敢看台下這幫瘋狂競價的男人，只能聽憑命運擺布，《拍賣奴隸》這幅作品現存於俄羅斯聖彼得堡的艾米塔吉博物館。

第二個故事是發生於一八五九年三月三日，被稱為美國史上規模最大的奴隸拍賣會。農場主人皮爾斯．巴特勒（Pierce M. Butler）將四三六位為他工作的奴隸以及在他的農場上誕生的奴隸小孩和嬰兒，帶到喬治亞州薩瓦那市的跑馬場拍賣。最後四三六位奴隸被不同買家拍走，朋友、親人被迫拆散，骨肉分離。這些奴隸們心都碎了，因為他們知道永遠不會再見到彼此的親友，這場拍賣會稱之為「落淚時光」（The Weeping Time），事件被記載在美國國家圖書館網站中。

上述兩個故事內容講的都是拍賣奴隸，大家就可以知道最早的拍賣會，在拍什麼呢？答案就是拍人。早在西元前五世紀，古希臘作家希羅多德將其旅行中所見所聞，寫成西方文學史上第一部散文作品《歷史》，書中記載了古巴比倫（西元前一八九～前七二九年）婚姻市場上拍賣新娘的記述。所謂拍賣新娘，就是以婦女為拍賣標的的一種拍賣活動，將適婚女子按美麗、醜陋、健康、殘疾的出場順序先後拍賣，讓出價最高的男子得標成為新郎，這是人類歷史上最早撰寫拍賣行為的文字記載，其著作成書距今已超過二千五百年。

古巴比倫、古希臘、古埃及的拍賣歷史悠久，前後延續跨越千年，是世界拍賣史上的第一個里程碑。然而拍品以人為主，反映了奴隸社會與買賣婚姻的殘酷現實。在當時拍賣內容單一、拍賣標的匱乏，也沒有拍賣機構，拍賣活動零星而散見，拍賣未形成規模，亦未能形成普遍運用的買賣方式。而真正的商業拍賣應該是由羅馬共和時期所開創，在保留奴隸拍賣的基礎上，由於羅馬對外積極的軍事擴張，在長期的掠奪戰爭中，羅馬商人和士兵找到了一條共同發財之路，羅馬士兵不僅在戰場上充當拍賣人，而且班師回城後，仍經常在城門之外擺攤，繼續拍賣自己囤積或尚未售出的戰利品，羅馬執政者也用拍賣方式處理敵產以擴充財源，因而出現了商品拍賣，拍賣行遂應運而生。羅馬著名諷刺詩人尤維那爾曾留下對羅馬城內人們去拍賣行找工作的描述，就連古羅馬文學「黃金時代」代表人物之一的抒情詩人賀拉斯，也是出生於拍賣商家庭，其所著的《詩藝》則是古羅馬時期文藝理論上的最高成就，被古典主義文學視為經典之作。拍賣行的初萌與興起，是古羅馬對拍賣產業發展的一大貢獻。

另一個跟戰爭有關的拍賣歷史是發生在第二次世界大戰期間，當時兩軍交戰常會派出飛機進行空戰轟炸任務，但是拍賣會並不因為戰爭而停止，拍賣會的工作人員與買家都會進到防空洞躲避空襲，在山洞裡面繼續舉行拍賣交易，有一些買家在命懸一線的危險時刻，仍不願意離開拍賣場，因為他們覺得在那個時候或許可以買到更便宜的拍品。

除了古代拍人、拍戰利品，其實拍賣還可以運用在很多方面，發展到現今，拍賣會標的包羅萬象，包括高經濟收藏價值的農副產品如茶葉、沉香、酒類，以及花卉、蔬菜、水果、糧食；經濟動物牛、羊、馬、魚等；交通工具的各類車種；林業、房屋建物、土地、股權、債權；無形資產拍賣例如知識、商標、技術、冠名權、商譽權、著作權、圖案、商業祕密、特許經營權、音樂戲劇的首演權等，以及我最擅長的文物藝術品拍賣。文物藝術品拍賣物品範疇包括在西方文物拍賣較常見的繪畫、雕塑、攝影、唱片、郵票、海報、鑽石、珠寶、錢幣、各種紀念品、信件、手稿、名人用品、名人遺物、部落文物、家具等；在東方文物拍賣較常見中國藝術品繪畫、書法、瓷器、玉器、碑刻、文房用品、竹木雕、陶器、金銀器、攝影、玉璽印章、家具、錢幣、珠寶、絲織品、茶壺、佛像、石器、青銅器等。隨著人們追求時尚，精品業發達暢旺，名牌包、鐘錶、古董衣、皮件等拍品，也撐起了時尚精品拍賣的一片天。

網路無遠弗屆的發展也激發了人們的創意，在網路上推出非常奇特的拍品。在二〇一二年三月，有一位美國女子拿出她在三年前吃剩的一塊炸雞塊來拍賣，最後竟以八千一百美元的高價拍出，只因為這塊炸雞跟美國的前總統喬治．華盛頓頭像非常相似；還有一個也蠻有趣的拍品，在二〇一〇年八月，聲稱是披頭四著名搖滾樂手約翰藍儂生前使用過的私人馬桶在網路公開拍賣，最終以九千五百英鎊高價拍出。有人拍長得很像美國前總統的一塊炸雞，有人拍馬桶，拍品真是無奇不有。

在我的執槌生涯中，經歷的拍品除了繪畫、書法、瓷器、玉器、碑刻、文房用品、竹木雕、陶器、金銀器、攝影、玉璽印章、家具、雕塑、攝影、鑽石、珠寶、茶葉、沉香、酒類等一般在藝術品拍賣會上常見的品項之外，二〇一八年我受邀擔任正德精品拍賣會的拍賣官，那次是我第一次專拍 Hermès 手袋及配飾，現場買家大多為賞心悅目的美女、貴婦，有別於其他拍賣會以男性買家為主，她們舉牌競拍踴躍毫不手軟，那種不讓鬚眉、勢在必得的氣概令人印象深刻。同年十二月，我又與正德拍賣合作，在秋季拍賣會主槌「木柵政大藝術家．房地產專場」，這是我第一次拍賣預售房地產，也是台灣的藝術拍賣公司首次以房地產作為拍品標的。

若要問我拍過最特殊的拍品是什麼？答案應屬非洲部落藝術（Tribal Art）吧！歐洲藝術家從二十世紀初期開始，受到非洲部落雕塑美學的超強影響，卡爾．畢因斯坦（Carl Binstein）和利奧．弗羅布尼烏斯（Leo Frobenius）等藝術史學家相繼發表了關於非洲部落藝術主題的重要著作，許多藝術大師包括畢卡索（Pablo Picasso）、布朗庫西（Constantin Brancusi）、馬諦斯（Henri Matisse）等，也都曾受到非洲部落藝術的啟發。二〇一八年十二月我曾在一場拍賣會中，主槌一批非洲部落藝術作品，拍品包括視覺造型出色的馬利博若族（BOZO）夫妻動物雕像、象徵神聖鐵匠的布吉納法索波波族（BOBO）大型牛面具、現代感極強的加彭芳族（FANG）白色面具、代表智慧守護的象牙海岸賽鴽佛族（SENUFO）預言鳥雕像、奈及利亞貝寧族（BENIN）典型的貴族藝術作品金錢豹銅雕像、代表權力的布吉納法索洛比族（LOBI）蛇型權杖。非洲部落藝術由貴族權力、精神象徵、造型現代，三個主軸環扣所帶來的視覺衝擊，這些拍品帶著些許不可言明的神祕與傳說，觸發人們的無限想像與對大自然的原始敬畏。

拍賣場人生小領悟

拍賣會是一個驚奇創造所，別讓價值判斷侷限你的想像。

2018 年主持正德秋季拍賣會

04 拍賣會眾角色登場

你有參加過拍賣會嗎？我相信一般大眾很少有機會參加真實的商業拍賣會，不過或許你曾透過電視影集或是電影的劇情，看到鏡頭下導演刻意安排的拍賣會舉牌競價的場面。這一篇我想為大家仔細的來介紹一場拍賣會的舉行，到底有哪些重要的角色？他們又是負責什麼樣的工作？請各位隨著我的描述，讓我介紹各個角色逐一登場。

首先，想像你已走進一個藝術品拍賣會的現場，拍賣會即將在十分鐘後開始，一群群的買家正圍在展示的拍賣品前，仔細端詳拍賣品，也有一些買家互相寒暄閒聊，也有一些買家已入座拍賣大廳，搶占他認為最合宜的位置。望向展示大廳的右側，接待服務台的工作人員正忙碌地接待買家，那是買家諮詢拍賣規則、繳交保證金，以及領取號碼牌的地方。有些買家正提筆填寫「競標牌登記表」，有些買家正在挑選號碼牌，一些熟門熟路的買家，跟拍賣公司之間早已建立默契，他們有固定的牌號，而拍賣公司也會為老客戶保留他喜歡的幸運牌號。

這時，拍賣大廳傳來司儀宣布拍賣會即將開始的訊息，尚未入座的買家魚貫進場，在司儀介紹今天主槌的拍賣官（auctioneer）出場後，現場氛圍瞬間有如一鍋即將沸騰的湯水，似有一股股切的熱氣襲面而來，正等著拍賣官進行第一件拍品開始競價。拍賣官兩側各坐著一位書記官，他們負責記錄競價過程的每一口價格以及出價的買家號碼牌，書記官也是拍賣官的小幫手，幫忙傳遞拍賣公司老闆臨時的指示紙條給拍賣官。我曾收到的紙條大都是告訴我有哪幾件拍品因為在拍賣的過程中流拍，但是後來有買家對流拍的拍品有興趣，所以拍賣公司用寫字條的方式提醒拍賣官安排重拍。

在拍賣大廳的左側設有兩排高台，被稱為「委託席」，是拍賣公司方便顧客而提供的代為競拍服務，一組工作人員正一字排開，在委託席為無法親自前來的買家接通電話，工作人員依電話彼端的買家指示代為舉牌競價，這是第一種買家不在現場，而能參與競價的方式；另有一些更為低調的買家，既不在現場露臉競拍，也不想透過電話競拍，他們早在拍賣會開始之前就已填好「委託競標單」，留下欲競拍的拍品編號、拍品名稱、最高競標價，讓委託席的工作人員為其舉牌，這是第二種買家不在現場，而能競價的方式；在委託席的末端，有兩位工作人員緊盯著桌上的電腦，電腦螢幕顯示遠端的買家透過拍賣公司的網路直播，在線上全程觀看競價過程，以便在線上即時出價，再由委託席工作人員代為舉牌，這是第三種買家不在現場，而能競價的方式。所以說，買家不在拍賣會現場也可以競拍嗎？答案是肯定的，委託書競拍、電話競拍、網上競拍，都是拍賣會常見的競價模式。

而買家在競拍過程中的不同階段，名稱也會有所不同。買家在競價的過程當中不斷地出價互相競爭，這時候的買家正確稱謂是「競買人」（bidder），在眾多的競買人相互疊加價格往上攀升，直到出現最高報價，而再無人加價的時候，這位最高出價的競買人經拍賣官落槌，確認其獲得拍品的權利，此時這位競買人則被稱為「買受人」（buyer），競買人可以有很多位，但買受人只能有一位。

競買人在參加拍賣會之前，應對於該場拍賣會有足夠的了解，在拍賣會前應諮詢參加競買的手續如何辦理？競買保證金是多少？支付的方式是什麼？以及現場競價的方式是什麼？只有按照要求辦理競買手續的自然人或法人，才具備參加競買的資格。對於競買的資格，在中國大陸的拍賣法中有相當嚴格的規定，例如拍賣公司及其員工不能以競買人的身分參加自己籌辦的拍賣會，也不能委託他人代為競買，這是寫在《拍賣法》第二十二條的規定中，但由於台灣並沒有相關的拍賣法令規定，所以在這個部分是否存在約束力，大家也就心照不宣了。競買人可以自行參加競買，也可以委託代理人參加競買，有權利了解拍賣標的的瑕疵，有權查驗拍賣標的的有關拍賣資料。有權利自然也要承擔義務，競買人一經應價，就不得撤回，當其他競買人有更高應價時，其應價效力立即喪失。競買人之間、競買人與拍賣公司之間，不得惡意串通，損害他人的利益。

讓我們將視覺焦點從台下往上看，望向拍賣台上的拍賣官，拍賣官右手執槌，口中不停的報念價格及競買人的牌號數字，眼神犀利橫掃全場，手勢不停地變換。拍賣官就好比音樂會的指揮家，控制著整個拍賣會的節奏以及運行的順暢，尤其是對於整個時間的掌控，什麼時候應該落槌？什麼時候應該留給競買人思考加價時間？什麼時候應該介紹拍品資訊？這些都是拍賣官展現主持技巧的功力之處。從拍賣官的視角，在高壓緊湊的主持過程中，往往能看到競買的有趣現象。先來說說第一個故事，我記得有一次在競價的過程中，有一件拍品競爭非常激烈，大概有五、六組的買家競相出價，我發現其中有一位競買人只用舉手的方式應價，不見他手上的號碼牌，由於競買人必須出示號碼牌，拍賣官才會認定他的應價有效，所以我即刻停下詢問：「請問這位坐在中間位子的先生，您有號碼牌嗎？」他突然露出驚訝的表情搖搖頭，我立即明白他可能是生手，不了解拍賣競價的規定，所以我立刻請他去服務台，辦理號碼牌之後再回到拍場競價。

第二個故事更有意思，我曾經在拍賣過程中，看到台下有一位男士不斷地舉牌競價，一副不計代價勢在必得的神情，後來我發現坐在他旁邊的女士表情略顯不悅，接著竟然將男士的雙手按住不讓他舉牌，我猜想這位女士應該是這位競買男士的太太吧？對於先生不斷加價的行為，可能這位女士並不認可拍品的價值，也或許心疼荷包大失血，於是她用了最直接的方式，來制止男士的瘋狂競價；我也曾見過在拍賣競買過程當中，另一位男士將號碼牌交給坐在他身旁的美麗女子，由這位女子來舉牌競價，但是要不要加價卻是由這位男士來決定，有時候男士會轉頭跟女子說話，然後女子就舉牌，有時候男士會用肩膀輕輕碰一下女子，那女子也會舉牌。我一邊主持拍賣會，一邊在想這位男士跟這位女子到底是什麼樣的關係呢？雖然自己正忙著主持拍賣會，腦海不斷地要飛算出許多的數字，眼睛也要注視觀察著全場的競價，口中還要不停的報價，居然還可以分神去想一些無關緊要的事情，不得不佩服我自己的「分心有術」呀！

根據我的觀察經驗，手上拿著拍賣圖錄，坐在現場的來賓，他們不全然都是買家，也有一部分是為了了解拍品的市場價格，而前來拍賣會做紀錄，他們往往會在拍賣官落槌時，在拍賣圖錄上仔仔細細的寫下拍品的價格，或許這一群沒有辦號碼牌的來賓，很可能是即將準備進場成為買家的一員，也有可能是純粹滿足好奇，想親身體驗拍賣會的實況，更有可能只是單純地想來看拍賣官的執槌風采，無論他們的目的為何，我都會在拍賣主持的空檔，向他們傳遞友善的微笑。

在拍賣現場的周邊，我們看到數十位穿著黑色服裝的男士，雙眼緊盯著現場的競買人，只要競買人一有舉牌應價的動作，離買家距離最近的黑衣人就會大喊一聲「bidding」，手掌指向出價的競買人座位，提示拍賣官這邊有人出價，我們稱之為「bidding 手」，他們是拍賣官的眼睛，為拍賣官指引舉牌的競買人方位，讓拍賣官不錯失任何一個買家的細微應價動作。

在一場拍賣會的籌備過程中，還有一個角色不見得會出現在拍賣會的現場，可是他們卻是拍賣會能否吸引買家關注最重要的角色，那就是賣家（seller），也稱為委託人，委託人是指委託拍賣物品或者財產權力的自然人、法人或組織，賣家所提供的拍品質量相當大的比例決定了該場拍賣會成功與否。委託人是拍賣體系關鍵人物之一，在拍賣活動中既是權力主體，又是義務主體。在拍賣委託階段，通常在洽談委託拍賣合約的過程中，委託人通常處於主動的地位，有選擇拍賣公司的自主權利。委託人可以自行接洽委託拍賣的合約簽訂，也可以不出面，指定代理人代為辦理委託拍賣手續。委託人負有向拍賣公司告知拍賣標的來源與瑕疵的義務，也有提供所有權證明給拍賣公司之責。一旦拍品落槌拍出，買受人付清款項後，委託人應當按照約定的期限及方式，將拍賣標的移交給買受人。

讓我們再回到現場，此時拍賣會大廳傳出如雷掌聲，那是一幅黃君璧壯年藝術純熟期之傳世巨作《維多利亞大瀑布通景四屏》，經過激烈競價競爭後，以四千五百萬落槌，創下黃君璧世界紀錄的喝采之聲。我在拍賣台上欣喜創下高價紀錄之餘，看到拍賣公司老闆在現場後方探出頭來，親睹這一個歷史時刻。拍賣公司是我要介紹的最後壓軸角色，也稱為拍賣人，拍賣人是指依照當地法律規定設立，從事拍賣活動的企業法人。在拍賣會進行時，有些拍賣公司老闆會親自坐鎮在電話委託席，接聽重要藏家的競價電話；也有一些拍賣公司老闆較為低調，只是偶爾露面，其實他都在小隔間內看著直播鏡頭，聽著現場的拍賣聲音，雖未現身卻能掌握全局。

猶記得第一次主持拍賣會結束之後，拍賣公司老闆邀集工作人員跟我一起拍大合照，成為我在拍賣歷程中極為標誌性的相片，那是一種見證，是一種回憶，也是一種真實。每當看到合作團隊曾經留下的影像，拍賣會眾角色逐一登場，都提醒著我珍惜與團隊夥伴完成拍賣會的共事之緣，締造榮耀的成就，團隊永遠是成功的核心條件之一。

拍賣官在台上需縱觀全局，掌握一切細節

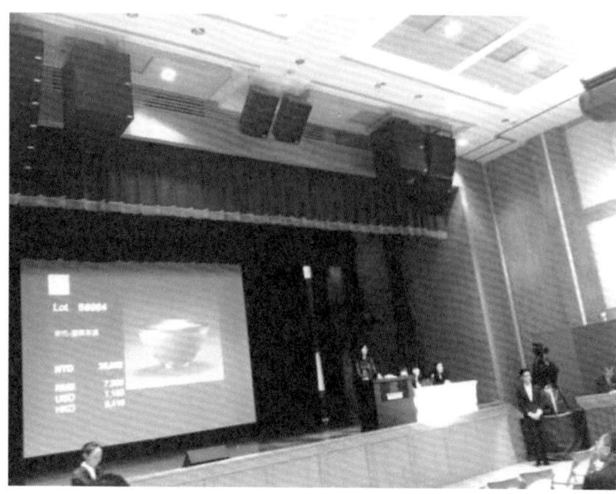
第一次主持拍賣會

拍賣場人生小領悟

團隊是一個耀眼的發光體，每個成員都是照亮成功之路的明星。

第一次主持拍賣會，與工作團隊合影

第一次主持許博允拍賣會預展與施明德合影

05 如何成為一位藝術品拍賣官？

我經常受邀演講或出席藝術活動，最常被問到的問題就是「擔任拍賣官到底需要什麼樣的資格？」猶記得曾到一所學校去演講，當天因行程緊湊，演講之後需趕赴下一個會議，無法保留充裕的時間讓師生們提問，我急匆匆下樓步行到停車場，聽到身後一群人追隨而來的腳步聲，從三樓沿梯而下一直追著我到車邊，他們就是要問我，擔任拍賣官到底要具備什麼樣的資格？

據史料記載，拍賣活動的出現已經有三千多年的歷史。歷史上最早記載的拍賣活動，是著名古希臘歷史學家希羅多德（約西元前四八四～前四二五年）在《希臘波斯戰爭史》中關於古巴比倫拍賣活動的記述。繼古巴比倫之後，拍賣活動在古希臘、古埃及等地逐漸興起，尤其在後來的古羅馬時期，拍賣活動發展得更加興旺，成為商業拍賣行的濫觴。有了拍賣活動，就需要拍賣官來主持。十五世紀之後，隨著新航路的開闢和新大陸的發現，歐洲殖民者將拍賣這種特殊的交易方式帶到了世界各地，拍賣官這個職業也從歐洲傳到其殖民地。早期的拍賣官並不是一個固定的專業化職業群體，當時的拍賣官泛指拍賣活動的主持者，並不需要特別的技術和資格。十七世紀，歐洲拍賣產業已然形成規模，拍賣官也逐漸發展成為一個相對穩定的、需要一定專業知識和技術的職業。

法國的拍賣藝術市場中，拍賣官是一個很正式的職業，在拿破崙三世時代曾列入中央政府官員。拍賣官這職業一直是很受到規範，法國拍賣官的養成過程中，第一階段被要求接受法律、司法和藝術史的訓練，課程嚴謹費時兩年；第二階段則要成為實習生，必須通過考試，並到拍賣行跟著資深拍賣官實習兩年後，拿到另外一張證書，證明評估物件的能力與熟悉職業道德理論。在法國，拍賣官是一個很高門檻的領域，所以很多拍賣官是家族企業，爸爸是拍賣官，小孩從小耳濡目染也培養成為拍賣官，而在法國有非常多的拍賣官擁有自己的事務所，他們不僅是主持拍賣會，更承擔前期估價鑑定等工作。法國在拍賣相關的法律與其他國家不同，法令要求拍賣會必須保證完整的作品真實性之法律責任，包括要求被拍賣公司委託的鑑定專家們也必須為他們的意見負擔法律責任。拍賣官考試、實習，最後才能拿到執照的規範，這對買家賣家而言都是一項安全保障。法國的拍賣官可能不只拍賣藝術品，也會協助法國的許多家族辦理繼承。法國的拍賣官會親至宅邸現場為藝術品、汽車、器皿、古董傢俱估價，盤點所繼承的財產，並給予一個合理的市場估價。

在中國，拍賣官被稱為「拍賣師」。鴉片戰爭後，拍賣業被引進中國，英國的魯意斯摩拍賣行於一八七四年在上海建立了分行，這是中國最早出現的近代拍賣機構。自此，源自西方的拍賣師職業開始在中國沿海以及內陸工商業發達的城市出現。清代晚期文人葛元煦在《滬遊雜記》中，就詳細描述當時上海拍賣會的情景：「拍賣時，拍賣師高立櫃上，手持物件令看客出價，彼此增價競買，直至無人再加。拍賣師以小木槌拍桌一聲為定，賣予出價最高的人。」據當時的雜記描述，拍賣師都是些眼光老練，計算精明的人，不是拜師學上幾年就能勝任的，全在於自己的經驗，多接觸、多留心、眼觀六路、耳聽八方、心思敏捷，才當得了拍賣師。

清代晚期光緒末年，德國人開的魯麟洋行在北京成立，是北京最早起步的拍賣行。據聞，拍賣會時，洋行通常選一個口齒伶俐、眼疾手快的員工擔任拍賣師。拍賣師站在桌子上，一手持木槌，一手持木板，先用三言兩語把要拍賣的物件做一番介紹，圍觀的買主隨口喊價，競相抬高，抬到一定程度，沒人再多出價的時候，站在桌子上的拍賣師用木槌敲響木板，算是「拍板」成交。

一九八六年中國大陸的拍賣業在歷經停滯後重新恢復發展，十一月，第一家拍賣公司在廣州成立，拍賣師職業也重新引人關注，由於人才的缺乏，當時的拍賣師是非常受人尊敬的職業，一些成立較晚的拍賣公司在舉辦拍賣活動時，會到千里之外的大城市誠心聘請有過拍賣經驗的人士前去主持他們的第一場拍賣會。在一九九二年北京籌備一場國際拍賣會時，特別聘請了一位香港拍賣行胡姓總經理來主槌，據聞在他主持拍賣會的期間，當時全中國各地已經成立和正在籌備成立的拍賣公司紛紛派人前往觀摩學習，這也表明當時的拍賣人才十分匱乏。

一九九七年中國大陸施行《拍賣法》，中國的拍賣師成為一個法定的職業，拍賣師是指「經全國統一考試合格，取得人力資源與社會保障部、商務部聯合用印，由中國拍賣行業協會頒發的

《拍賣師執業資格證書》，並經註冊登記的專業人員。」，其中《拍賣法》第十五條明定拍賣師應當具備具有高等院校專科以上學歷和拍賣專業知識、在拍賣企業工作兩年以上、品行良好等三項條件，對於拍賣師的法律地位則列在該法第十四條「拍賣活動應當由拍賣師主持。」為了增進我的專業知識與能力，二〇一五年我在歷經拍賣師筆試、實際操作拍賣主持技巧兩個階段資格考試通過後，成為台灣第一位取得拍賣師執照的人，其過程充滿艱辛、挫折與挑戰，這段精彩且勵志的人生故事，請容後專文再敘。

在台灣，一九九〇年十二月一日台灣第一家拍賣公司「傳家拍賣」，敲下台灣藝術拍賣的第一槌；歐洲重要拍賣公司「蘇富比拍賣」在台灣成立亞洲第一家分公司，並於一九九二年三月舉行首拍；接著國際拍賣公司「佳士得拍賣」也於一九九三年舉行在台灣的首次拍賣會。有關拍賣官的法規，台灣迄今尚未制定特別法令規範拍賣官的專業證照制度及資格認定，因此要在台灣主持拍賣會並無資格之限制，只要拍賣公司老闆願意聘請，若是外籍人士則需具備工作許可證，即能登台主槌。但前述在中國大陸、法國執業的拍賣官按照其法令規定，依法需考取證照始能執業。

在拍賣會執槌的拍賣官來源可分為兩種，一種是由拍賣公司內部員工或負責人家族成員擔任拍賣官，我稱為「IN-HOUSE 拍賣官」。以佳士得拍賣公司為例，拍賣官多由內部人員培訓而成，在拍賣公司體系中，通常拍賣官並非專職，平常有其主要工作，僅在拍賣會時承擔拍賣官的任務。「IN-HOUSE 拍賣官」的優勢是了解拍賣公司內部運作訊息，能長期建立買家或賣家人脈，熟悉拍品來源及條件，資訊取得易於掌握。

有別於拍賣公司內部人員擔任拍賣官，另一種來源是自由執業拍賣官，我稱為「FREE-LANCER 拍賣官」，這類拍賣官並不隸屬於任何一家拍賣公司，只要拍賣公司有主持的需求，可與「FREE-LANCER 拍賣官」洽談條件，雙方合意即進行單次合作。十多年來，我即是以「FREE-LANCER 拍賣官」的身分在拍賣會中執槌，並陸續與多家拍賣公司合作。這類拍賣官因無「IN-HOUSE 拍賣官」對於內部資訊輕鬆取得的優勢，因此，前期準備工作需花費更多時間累積專業形象的養成，細節及重點的掌握更需火候到位，「FREE-LANCER 拍賣官」的優勢是經由與各方拍賣公司合作，有更多場次的主持實戰經驗，專業品牌形象鮮明，也容易塑造個人主持特色風格。

由於 FREE-LANCER 拍賣官不是某拍賣公司的內部員工，相較之下拍賣公司對於 FREE-LANCER 拍賣官的約束力自然不足，所以 FREE-LANCER 拍賣官在執業的時候，需要自訂一些潛規則。例如在拍賣會之前，拍賣公司都會舉辦預展，為了熟悉拍品，看預展是拍賣官重要的準備工作，預展時總是會遇到藏家或買家，如果這位藏家或買家本來就認識，我會點點頭打個招呼。如果是不認識的藏家或買家，則會避諱儘量不要跟陌生的藏家或買家主動打招呼，也不主動交換名片，避免引起該拍賣公司的老闆不必要的誤會，因為 FREE-LANCER 的拍賣官是可以遊走各個拍賣公司，別讓拍賣公司的老闆覺得您是刻意而有目的來接觸他們的買家，因此我常常會選擇在人潮較少的時間才會抵達預展的現場觀展；另一個時間點是拍賣當天，由於本身要主持，其公正性的掌握也是執槌的要點，一旦抵達拍賣會現場，我往往會直接走進後台準備，儘量少到前場去遊走，除非我需要再補充觀看幾件重點拍品。在拍賣會現場，我也不會跟某些買家表現特別熱絡，避免其他競拍買家顧慮拍賣官在執槌過程中偏頗不公。雖然這些並沒有明文規定，拍賣公司老闆也沒有口頭跟拍賣官約定，但是我覺得這是身為一位 FREE-LANCER 拍賣官自我克制的潛規則。

二〇一五年一月我應邀主持一場帝圖藝術拍賣會，第二天就有人告訴我《萬寶週刊》中有一篇由發行人黃河先生所撰寫的評論，內容提及主槌的拍賣官非常專業，那是我首次被媒體關注及肯定。十餘年來在拍賣台上，看似威風八面的拍賣官，在上台之前的專業養成、對市場的脈動掌握、對買家心理的洞悉、超強的體力與意志，以及執業操守的堅持，身為一位拍賣官，真的需要以一抵百的氣場與無畏自信的勇氣。

拍賣場人生小領悟

專業和道德是遠勝於富貴的資產，專業是盡力而為之的磨礪，道德是有所為有所不為的堅持。

看預展是拍賣官重要的準備工作

看預展是拍賣官重要的準備工作

06 拍賣官應有的準備

二〇二二年六月那時正是COVID-19疫情期間，台灣乃至全球都陷入疫情的威脅中，我接獲帝圖藝術拍賣公司的邀請，主槌「近現代與古代書畫專場」，按當時防疫規定在公共場所必須戴口罩，但考量主持拍賣的時間將近五小時，擔心戴口罩導致呼吸不順暢及買家聽不清拍賣官的報價，也顧慮若戴上口罩，影響拍賣官與台下買家的表情互動，經與拍賣公司討論，決定按衛福部的指引，上場前先測量體溫、做好快篩、設好安全距離，在健康無虞的情況下，不戴口罩以真面目上陣主持。幸好疫情並未減損買家對於好拍品購藏的熱情，這一專場中的「百年一遇 敵國之富—再續大風堂祕藏專題」創下白手套一〇〇％成交的佳績。為了上場主持拍賣時展現最佳狀態，光一項不戴口罩的措施就如此折騰人，更遑論一週前我就得婉拒所有的餐會邀宴，以免染疫連帶影響拍賣結果。

若論及拍賣官在上場前應有的準備，不僅是維持自己身體健康而已，自我的素質養成尤為重要，包括合理的知識結構、較強的行為能力、豐富的從業經驗、良好的職業道德。以我個人征戰百場以上的經驗，歸納一位拍賣官在素質養成方面應該有什麼樣的準備？第一個準備就是知識結構、第二個表現能力、第三個工作經驗、第四個職業道德。

首先來談「知識結構」，所謂的「知識結構」是作為一個文物藝術品的拍賣官，應具備的文化歷史藝術相關知識。因為文物藝術類拍賣品項繁多且內容超乎想像的豐富，尤其是拍賣會出現的拍品，可能是歷史上追溯到幾千年前的古物，也有很當代的藝術品，更驚人的是龐大的藝術家或是創作者群體，如何去了解，如何去融會貫通成為拍賣場上觸動買家的關鍵話語，拍賣官必須涉獵廣博，眼界馳騁中外，知識貫穿古今。我常常會被問到：「文玫，你比較擅長拍什麼樣的拍品？」，我總是回答：「拍賣公司委託我拍什麼，我就得準備什麼！」從這個回答，就可得知對於一個拍賣官來講挑戰真的很大，一旦接受主持任務之後，就要盡全力了解所主持拍品相關的專業知識。對於藝術品拍賣官的另外一個挑戰，是古文物的品名，往往是很生僻艱澀的字，光看文字還不見得會讀音正確，尤其有一些是所謂的破音字（多音字）。一般來講，當我拿到拍賣圖錄之後，第一件事是把每一個要講到的字，都去查一遍異體字典，掌握拍品名稱、創作者姓名正確發音，是對於拍賣官最基本的要求。

第二個「知識結構」就是有關於法律面的知識，例如其他的國家通常會有一些相關的法令，特別來規範拍賣的行為，台灣跟拍賣比較有關的法令例如《文資法》、《公司法》、《民法》、《野生動物保護法》等等，拍賣官要事先了解，拍品本身或拍賣過程中有沒有法律上的條件限制，以免誤觸法律。

「知識結構」的第三點非常重要，就是對於當下市場的知識。市場行情要關注並準確把握，因為在主持拍賣會時，市場資訊是拍賣官跟競買人交流最重要的內容之一，平常就要蒐集相關的拍品價格數據，例如目前市場價位以及曾經最高價位，培養對於市場資訊的敏銳度。拍賣官對於這個拍品市場了解得越透徹，就越能夠去激勵買家踴躍的競價，同時也讓買家對拍賣官產生信任感。

第四個「知識結構」就是拍賣官需要具有心理學的知識。在拍賣會台上，一位拍賣官要面對眾人的競買，買家的心理其實是很複雜多變的，但他們目的只有一個，就是希望用最低的價錢來取得拍賣標的，競買人由於各自的社會背景不同，個性相異，思考模式也不一樣，所以在競價的時候所表現的心理狀態、行為舉止也各不相同，拍賣時，拍賣官就要懂得如何去掌握各方心態。

其次來談「表現能力」，所謂的「表現能力」是拍賣官在拍賣台上的臨場表現，這涵蓋了表達能力、控制能力與應變能力。具有出色的口才及表達能力是對拍賣官最基本的技能要求，拍賣官應根據現場的情況及競買人的反應，用語言引導每一位競買人參與競價，因此，拍賣官口齒必須清晰，語彙要豐富，表情要生動，報價數字快速而準確，使場內所有人都聽得到，並能聽得懂拍賣官用語言所表達的資訊。主持拍賣時不宜使用過於艱澀難懂的語句，這會讓買家聽得一頭霧水，也不能插科打諢廢話太多，造成拍賣會節奏鬆散。在拍賣會進行冗長時，拍賣官適時展現幽默感，搭配語音語調的轉換，能掃除場內的沉悶感，激發競買人的積極性。在我的主持經驗中，為了活絡場內氛圍，偶爾我會在拍品創出高價時，或者競買人競價熱烈纏鬥難分時，以帶動大家鼓掌的方式，增加現場其他來賓的互動參與感。

新手拍賣官登台主持，首先要克服的是怯場。在面對台下眾多買家，未經專業訓練的拍賣官上台亮相，難免緊張表情僵硬、目光躲閃，經常出現報錯價、漏報價，或者看不到出價者，或者指錯競買人等失誤現象。我曾經參觀一場拍賣會，當時我坐在台下觀看另外一位拍賣官主持，或許是因為他的主持經驗還不足，在競價過程中，明明報價已來到二十萬了，可是他報的下一口價卻又報錯回到了十八萬，拍賣官記不住當下最高應價是嚴重的失誤，二十萬變成十八萬，還要再爬兩口階梯才能夠回到二十萬，造成拍賣公司的損失，聽說在那一次之後，那一家拍賣公司就再也沒有聘請這位拍賣官了。因此，新手拍賣官必須跨越怯場心理，大膽面對競買人，逐步培養自己的表現慾。並多觀摩拍賣會，在台下模擬鍛鍊，消弭怯場心理障礙。隨著主持拍賣場次的增加，會逐步找到運用自如、神閒氣定的感覺，即便是一位經驗豐富的拍賣官，登台後通常也需要一定的時間適應和心理調整，方能自然流暢、心平氣和，這是拍賣官控制能力的表現。

拍賣官還有一個重要的「表現能力」，就是對於突發事件處理的掌控能力，這就需要拍賣官有高超的組織協調與靈機應變的能力。舉個例子，有一次主持拍賣會中，有一位女士站在會場最後方不斷舉牌競價，一直到爭取最高價拍賣官落槌時，這位女士突然就不見了，因為她的老公一邊走出門外一邊大喊：「太高了！太高了！不要！不要！」結果這位女士為了去追她老公，所以就跑掉了。幸好現場有位買家立刻追出去詢問這位女士的意願，並得知她要放棄這項拍品的權利，此時我定了定神，腦中已有處理方案，我宣布剛剛得標者放棄，詢問應價第二高價者接手的意願，幸好第二高價的出價者願意以第二高價承接，依主持慣例我再詢問哪位買家還要再加一口？現場再無人出更高價錢的情況下，我落槌給出第二高價的人，突發狀況危機瞬間解除。

接著來談「工作經驗」，所謂的「工作經驗」是指拍賣官的閱歷，那是在工作中及社會活動中，面對成功經驗與失敗教訓，在生活中所形成的人生智慧。尤其是在拍賣公司內部任職的「IN-HOUSE 拍賣官」，不僅要主持拍賣會，還要負責徵件、藏家關係維護與開拓，或者其他與拍賣會籌備流程相關的行政工作，更需要全力以赴累積工作經驗。另一方面，拍賣會是一場高手過招的商業談判過程，拍賣官面對諸多的競買人，若能熟稔市場資訊，適時引導買家加價，展現對拍品的推銷能力，這也須仰賴豐富的拍賣產業工作經驗才能應付自如。

拍賣官自我素質的養成第四項就是「職業道德」，所謂的「職業道德」是指拍賣官在其執業過程中必須遵守的道德準則。拍賣官作為企業形象或是個人品牌形象的代表，一邊掌握的是賣家的利益，另一邊掌握的又是買家的利益，拍賣官站在天平的中間就不能有自私自利的想法。職業道德主要是掌握公平、公正、公開三大原則，公平是指確保參加拍賣活動的各方當事人權利與義務的合理性及平等性；公正是指拍賣官應該公正的對待每一位競買人，不歧視、不誤導、不刻意設置競價障礙，以保障參與的當事人合法的權益；公開是指拍賣活動是一種高度透明的交易方式，交易過程眾人一目了然，應杜絕私下行賄或特殊約定的情事發生。在實際的拍賣案例裡，我曾經運用了公平公正原則對待競買的買家們，有一次在拍賣會的現場，拍品價格來到五百萬，五百萬的下一口價應該是五百五十萬，但是當場有一位競買人提出他希望只加二十萬，也就是五百二十萬，我同意了這位競買人的報價，接著另外一位競買人也提出他也只要加二十萬，我也同意了這位競買人五百四十萬的報價，因為我會讓他們覺得我對他們是公平的，雖然我在報價上面有所退讓，但是也由於採取公平公正原則，加上發揮我的引價技巧，一步一步地將此拍品推向更高的價位。

最後來聊聊較輕鬆的話題，拍賣官在主持拍賣會前有哪些儀式感的準備？我曾經訪問過一位拍賣官同僚張烜榮先生，他是目前台灣炙手可熱的拍賣官之一，他說早期在日本主持拍賣會的時候，拍賣前他都會緊張到失眠，因為壓力特別大，因此會在拍賣之前聽放鬆心情的心靈音樂，或點個沉香、或是念經，這是他個人舒緩情緒的方式。拍賣會當天臨上台前會點個眼藥水，然後在腦門、人中、後頸塗上綠油精，吃顆喉糖，讓身體感受到最舒爽的狀態，上台前告訴自己，「準備好了！」然後就上台了。

而我的儀式感則是在拍賣會前一天去看拍賣公司舉辦的預展，首先會去看此次拍賣會的重點拍品，看細節、看氣息、腦海跑過一遍這件拍品的介紹與價格，然後開始跟拍品做對話，不僅希望我認識拍品，也希望拍品認識我，相信我能為它尋得下一位心愛它的主人。在拍賣會當天，我的儀式則會在上台前，趁著配戴耳掛式麥克風整裝的時候，照著鏡子確認妝容在最滿意的狀態，並且對著鏡中的自己打氣，告訴我自己，「我可以的！我準備好了！我可以很順利地完成這場拍賣！我很有經驗了！我是最棒的拍賣官！」自信來自於相信，在真實的世界裡，能量一定會有「載體」，藉由照鏡子自我激勵，將能量場映射在自己身上，帶著滿滿的信心與充沛的正能量，我氣場大開，準備登場！

拍賣場人生小領悟

機遇只偏愛那些有準備的人，最佳的準備方式就是設定目標，開始行動！

在後台上場前的準備

07 揭開拍賣公司神祕面紗

你參加過拍賣會嗎？你認為拍賣公司靠什麼來賺錢？開一家拍賣公司需要具備什麼樣的條件？各國的政府又拿什麼法令對拍賣公司發出緊箍咒呢？本篇就來談談拍賣場的第一角色——拍賣公司（也稱為拍賣人）。我會先從台灣的相關規定切入，再說明全球其他拍賣產業發達的國家例如英國、美國、中國、法國、德國的法規，讓你全面了解如何開一家拍賣公司。

拍賣公司與一般的商品生產或流通的企業法人有所不同，因為拍賣公司不從事生產，而是透過舉辦拍賣會，進行具有高專業性的仲介服務，拍賣公司既不是真正擁有作品的賣方，也不是真正取得財產或權利的買方，而是站在買家跟賣家兩端天平的中心點，基於公平、公正、公開及誠信原則，提供專業的服務。

台灣對拍賣公司設立規範最自由，台灣的拍賣產業在二〇一二年之後重新展現復甦活絡的景象，原因之一是台灣成立拍賣公司的門檻並不高，尤其是台灣在二〇〇九年之後正式廢除了成立一個公司資本額最低的限制。由於台灣並沒有《拍賣法》的法令規範，所以台灣的拍賣公司僅須根據《公司法》設立，相較於其他國家，台灣其實對於拍賣公司的約束，我覺得是最少、最自由的。在拍賣執行過程中，特別要提醒的就是有關於國寶的拍賣，在《文物資產保存法》第七十五條規定，私有國寶或重要的古物在所有權移轉之前要事先通知中央主管機關，除了繼承者之外，公立的文物保管機關機構有權優先購買。拍賣公司徵集拍品時應留意此規定之外，其他就按照《民法》、《稅法》、《野生動物保育法》，還有《文化藝術獎助及促進條例》等相關規定來執行。

中國大陸對拍賣公司設立有註冊資金基本額度要求，中國大陸的拍賣公司在法律用語稱為「拍賣人」，在中國《拍賣法》的定義中，拍賣人是根據《拍賣法》與《公司法》所成立的企業法人。依據中國的《拍賣法》第十二條規定，企業申請取得從事拍賣業務的許可，應當有一百萬元人民幣以上的註冊資本，換算成台幣大約是四百四十二萬；若要成立經營拍賣藝術文物的拍賣公司，在中國《拍賣法》第十三條中規定，應當有一千萬元人民幣以上的註冊資本，相當於台幣約四千四百二十萬，而且還應聘請文物拍賣專業知識的人員，其規定相較台灣更為嚴格。除此之外，在中國大陸還另有《拍賣管理辦法》，辦法第六條規定拍賣公司應具備的實質要件，包括拍賣公司應有一百萬元人民幣以上的註冊資本之外，還要有固定的辦公場所，要有三名以上取得拍賣從業資格的人員，其中至少有一位應具有拍賣官合格執照。對於經營拍賣文物藝術的公司，管理辦法規定更為嚴格，除了前述提過要一千萬以上的人民幣註冊資本之外，必須具有五名以上的高級文物文博的專業技人員，而且這家公司還要取得行政部門頒發的文物拍賣許可證。為了規範拍賣行為，維護拍賣秩序，中國的工商行政管理總局更在二〇一七年十一月起實施《拍賣監督管理辦法》。

望向歐洲，我們先來談英國，英國的拍賣公司成立時間相當早，例如蘇富比拍賣行在一七四四年成立，佳士得拍賣行在一七六六年成立，邦瀚斯拍賣行在一七九三年成立。英國規範拍賣公司首重許可證制度，例如要拍賣什麼樣的貨品，或是拍賣什麼樣的作品，就必須要有這個貨品拍賣的許可證。舉例來說，若要拍賣酒或是菸草，就要申請拍賣這項貨品的許可證。也曾有拍賣槍枝的案例，拍賣公司就須申請槍商註冊。如果要賣給海外的買家，還要申請出口許可證，這是英國對於拍賣公司的要求。

其次提到德國，眾所周知德國是法律相當完備的國家，德國規範拍賣公司最主要的法律是建立在《民法》上面，當然除了《民法》之外，還有《保險法》、《稅法》、《商法》等。德國對於拍賣公司的管理施行雙軌制，除了政府之外，聯邦跟州政府的工商協會管理部門，也會給拍賣公司頒發執照；另外也有一個民間團體設立的工商協會，執行對拍賣公司的監督工作，工商協會不僅提供拍賣公司諮詢，也會提供政府機構諮詢，以及接受政府的委託來審查拍賣公司是否合乎條件，並出具證明。在德國，拍賣是屬於特殊的行業，所以在拍賣會舉辦之前一定要預先公告兩週，還要跟工商協會申請執照，執照不是發給公司，而是發給個人，如果拍賣公司出問題，老闆個人就要承擔。

歐洲除了英國、德國，當然還要提到法國，法國也是拍賣業發展興盛的國家，不過法國對於拍賣公司的管理跟其他的國家完全不同。在法國，買賣雙方看重的是拍賣官，而不是拍賣公司，原因在於拍賣官是由政府授權在法國組織公開的拍賣活動，買方跟賣方可以自由選擇拍賣官，拍賣官就負責以合理的價格，在供求之間透過公開透明的拍賣會進行交易。在法國的法律，賦予拍賣官特定的職責，所以拍賣官要對拍賣過程負起全部的責任，當然也包括鑑定的責任。在法國擔任拍賣官，其風險跟法律責任都要承擔，其實是相當不容易的工作。法國拍賣市場的監管機構是具有獨立法人資格的拍賣委員會，該委員會由十一名委員組成，其任期為四年，由司法部、文化部和商務部共同任命。

法國的拍賣會成立的特殊性，也讓本土拍賣公司在法國一直有著壟斷市場的地位，外國的拍賣公司想要進到法國，無法敲門進去。國際兩大拍賣公司蘇富比跟佳士得，在二十世紀的時候就一直跟法國的政府要求開放拍賣市場，二〇〇〇年法國拍賣業進行一項重大開放改革措施，接著二〇〇一年蘇富比跟佳士得就進軍法國的拍賣市場。若要談到法國本地早期成立的拍賣公司，一家是在一八四四年成立的艾德（Artcurial）拍賣公司，另外一家是成立於一八五二年的德魯奧（Drouot）拍賣行。在二〇〇九年曾經發生了一起偷竊事件，觸動法國政府對於拍賣公司人員的操守實施新的規範。事件始末是法國警方發現知名的德魯奧拍賣行聘僱的十多名員工涉嫌偷竊，警方追回了超過一百件失蹤的藝術品，事件轟動整個法國的藝術品拍賣行業，被稱為「德魯奧事件」，事後法國的政府制定《藝術品市場拍賣人員行為守則》，這標誌著法國政府加強藝術品拍賣市場管理從規範拍賣人員行為入手，杜絕從業人員利用拍賣來上下其手，避免做出違反市場、違反法律、違反買家或賣家權益的事情。法國政府通過這部守則把藝術品拍賣市場置於法規框架之內，它與二〇一一年九月一日重新修定生效的《動產自由拍賣法》一同構成法國政府管理拍賣市場的重要法律依據。

轉向美洲，來談談美國的拍賣管理政策，美國是一個聯邦制的國家，每一州的法律在美國的法律體系中，均占有非常重要的地位，所以在美國從事拍賣活動必須熟悉所在地的州政府法律，而且每個州都有不盡相同的規定，有的州制定專門的拍賣法，或者是推出對於拍賣官管理的法令規範。美國在制定跟實施拍賣的法律制度中，相當注重市場機制的作用，美國人認為拍賣是商業交易的一種形式，大部分的商業關係已經被市場機制所控制調節，政府以比較自由開放的態度看待拍賣的交易行為，但是如果拍賣過程中，任何一方有欺騙他人的行為，就很難在市場上生存。美國有許多州法令規定，有詐騙或者是犯罪前科的人不能取得執照，這群人我們稱為黑名單，黑名單會受到市場的檢驗，其中最重要的角色就是保險公司。保險公司在拍賣市場上發揮很大的作用，如果有賣家找上拍賣公司請他拍賣物品的時候，賣家往往都會看這家拍賣公司為拍品投了多少保險。如果被列為黑名單，沒有保險公司擔任後盾，拍賣公司很難在業界立足，由此可見在美國誠信真的非常重要。

拍賣公司靠什麼來獲得收益呢？主要來源是靠「佣金」，也就是所謂的手續費或服務費。事實上除非法律有特別規定，拍賣公司是不能從事無償的拍賣活動，慈善拍賣或是義賣會除外，否則會構成不正當的競爭行為，也就是說如果拍賣公司採取不收手續費的零佣金策略來舉辦拍賣會，由於拍賣會是需要基本開銷的，不收手續費代表是低於成本執行銷售行為，容易引發不正當的競爭。各家對於佣金之收取標準雖不盡相同，但佣金來源則是分別向買家及賣家收取，收費標準一般均會印製在拍賣圖錄後面或公告於拍賣公司網站上。我約略統計台灣拍賣公司收取買家佣金比例均以分段式計算，例如A拍賣公司以落槌價二千萬台幣為界，二千萬台幣以下收十八%佣金，落槌價二千萬台幣以上的拍品，低於二千萬台幣的部分收十八%佣金，高於二千萬台幣的部分收十五%佣金；又如台灣的B拍賣公司以落槌價三千二百萬台幣為界，三千二百萬台幣以下收二十%佣金，落槌價三千二百萬台幣以上的拍品，低於三千二百萬台幣的部分收二十%佣金，高於三千二百萬台幣的部分收十二%佣金。至於向賣家收取的佣金比例，有的會公布收取落槌價十%，但大多數台灣的拍賣公司不會對外公布向賣家收取的佣金比例，僅記載於拍賣公司與賣家雙方簽訂的委託拍賣合約中。

再檢視中國大陸的拍賣公司的佣金比例，在買家佣金比例部分，本文僅以兩家規模較大的拍賣公司為例，C拍賣公司採取一律以落槌價十五%計算佣金；D拍賣公司則是分三段式收費，每件拍賣品的落槌價中，在五百萬港元或以下之部分，該部分金額的佣金以二十%計算；超過五百萬港元至二千萬港元之部分，該部分金額的佣金以十七%計算；超過二千萬港元之部分，該部分金額的佣金以十四%計算；至於賣家佣金部分，C拍賣公司與D拍賣公司均收取落槌價十%的佣金。但與台灣的拍賣公司較不相同的是對於流拍的拍品，其最高競投價低於賣家要求的底價，而未能成交者，大陸的拍賣公司大都以底價三%計算，收取未成交手續費。

國際拍賣公司的佣金比例高於台灣及大陸的拍賣公司，例如佳士得拍賣在買家佣金方面採三段式收費，以每件拍賣品的落槌價計算，在七百五十萬港元或以下之部分，該部分金額的佣金以二十六%計算；超過七百五十萬港元至五千萬港元之部分，佣金以二十%計算；超過五千萬港元之部分，佣金以十四．五%計算。至於賣家佣金則保密未公布；蘇富比拍賣則反其道而行，在二〇二四年五月開始實施佣金新政策，買家佣金不增反減，競投任何金額的拍品都比較便宜，計算基準以五千萬港元為界，五千萬港元以下收取二十%佣金，超過五千萬港元的部分則以十%計算佣金。另一個大改變是業界傳統上祕而不宣的賣家收費，蘇富比開誠布公讓賣家的佣金收費模式趨於一致且清晰透明，更白紙黑字註明拍品估價若超越特定金額，便會回饋一定百分比的佣金給賣家，降低了過去需逐一與賣家協商的個案複雜性與作業成本。「減價」與「公開透明」這兩枚震撼彈是否影響整個拍賣行業生態，且讓我們拭目以待。

翻看拍賣產業史，諸多拍賣公司曾經叱吒風雲，有的迄今仍屹立不搖，有的早已沒頂隨時間洪流而去，拍賣公司在汲汲營營追求利益最大化的同時，仍需秉持誠信、維護信譽，才是拍賣公司永續經營，放之四海而皆準的真道理。

拍賣場人生小領悟

人背信則名不達，信用既是無形的力量，也是無形的財富。

第二篇　拍賣會知多少

08 如何籌備一場拍賣會

藝術品拍賣是一項專業性高、複雜度高而又須細膩安排的商業交易活動，有其自身的特點和完整的程序，必須有計畫、有步驟地實施。一般而言，各家拍賣公司會將拍賣會舉辦的頻率選擇春、秋兩季進行，春、秋兩季大拍可以說是約定俗成的全球通行模式，在美國是每年三月和九月，香港是四月或五月春拍、十月或十一月秋拍，中國大陸則是五月或六月春拍、十一月或十二月秋拍，台灣的拍賣公司因數量較少，能選擇舉辦拍賣會的地點也不多，時間安排春拍從三月到六月，秋拍從十月至十二月，時間跨度較大。大部分公司目前仍維持春秋兩季大拍，也有的公司實施四季拍，即一年舉辦四場大拍，這需要較高的團隊徵集力度與執行能力。近年來拜網路發達之賜，藉網路拍賣形式推行小拍也逐漸成為趨勢，大拍是拍賣公司生存的根基、品牌形象的建立，小拍則是推廣藝術收藏、培育市場的需要，無論大拍或小拍，兩者對於藝術拍賣產業的延續，均各擅勝場。

究竟如何籌備一場拍賣會呢？這個問題容我採用時間軸，整理拍賣會前期籌備十個步驟依序回答。拍賣會正式舉行前的籌備期工作包括：拍品徵集、鑑定、估價、委託拍賣簽約、拍品保險、庫房管理、制定拍賣規則、編排圖錄、確認拍賣官、線上申報、行銷宣傳、買家邀約等工作。

前期籌備步驟一：拍品徵集

拍賣會籌備期第一要務就是啟動拍品徵集，拍品的徵集是拍賣公司的徵件人員根據公司經營目標和預設拍賣會的主題，向目標賣家（委託人）進行徵集拍品的業務活動。最常使用的徵集方法稱為「零距離徵集法」，在特定的市場環境中，拍品資源是有限的，並且相對集中，徵件人員利用熟悉的管道向潛在的賣家面對面溝通洽談，較能徵集到滿意的拍品。拍賣公司的徵件人員不但要有精湛的專業技術、能言善道，還要有豐富的生活經驗與閱歷、較高的談判技巧、較高的應對能力。「零距離徵集法」非常考驗徵件人員的操守及眼力，現行拍賣公司都會嚴格要求徵件人員，不可以向賣家徵件時私下買斷這些藝術品。而且徵件工作是極其嚴肅的，涉及徵件人員的鑑識能力，基本鑑定一般要有七十％的把握，通過一看真與偽，二分優與劣，三看行情是否好銷售，從而確定取捨。

一些拍賣公司在徵集活動中把藝術品拿回公司鑑定，這種做法實為不妥。一旦徵件人員決定將徵集物件帶回拍賣公司，要再退回去賣家，那可不是那麼容易了。賣家屆時若提出作品被掉包的疑慮，那真是有嘴說不清，一般而言，簽了委託書後盡可能不退回物主，否則公司會失去信譽。所以很多拍賣公司都會要求賣家必須要先傳送照片，讓公司鑑定人員判別研究是否妥適，進一步登門查看原作，有了初步把關，對徵件作業來說，可減少爭議風險，也對拍賣徵集過程增加一層保障；第二種徵集方式是「公告徵集法」，此法根據拍賣公司的運作能力、特點和市場關注熱點，以及拍品的招商範圍等要求，選擇在某地區的媒體發布拍品徵集公告。徵集公告宣傳內容要載明徵集時間、徵集地點、徵集範圍以及聯絡方式。無論採用哪種方式徵集，拍品送到公司後，針對真假難斷以及高價位的藝術品，往往會再聘請權威專家進行重點考證和把關，拍賣標的鑑定結論與委託拍賣合約載明的狀況不相符的，拍賣公司有權要求變更或者解除合約。此舉除了解決真偽問題以外，還兼顧全部拍品的總體品質，如果拍品比較豐富，應把一些雖然是真品但不是優品的去掉，使拍品質量整體保持在較高水準。

前期籌備步驟二：估價與議價

這是拍賣公司評估拍品在市場價格的過程，也是拍賣公司與賣家商談底價的交涉過程。什麼是「底價」？拍賣底價是賣方願意出售該拍品的最低價格，亦可稱為「保留價」。設定拍賣底價的功能是為了幫助賣家在不確定拍品的市場行情時，能夠訂定自己最低接受價格的底限，避免造成過多的損失，幫助自己了解拍品可能的市場價值，作為未來訂定拍賣價格策略的參考。大部分情況下賣方出價通常會偏高，拍賣公司的徵集人員要以自身的見解說服對方，從而確定一個比較合理、能為雙方接受的底價，這是一項比較艱難的工作，涉及徵件人員的專業水準、拍賣公司的誠信度和運作能力。若該拍賣公司已有許多拍賣成功案例或具業界品牌知名度，將有助於增加賣家委託意願，徵集人員可藉此爭取底價議定的彈性空間。

前期籌備步驟三：委託拍賣簽約

拍賣公司接受賣家的拍賣委託時，應與賣家簽訂書面委託拍賣合約，委託拍賣合約是拍賣公司與賣家簽訂確立委託拍賣關係的協議。關於洽談委託拍賣條件，一般都有標準合約範本，但有些賣家有特殊要求，也或是賣家初次委託物件拍賣，所以要耐心細緻進行溝通，以求雙方共識一致。在實際的經驗中，有些賣家提供的拍品特別好，也會要求預付部分款項或承諾保底，拍賣公司如同意，應簽署補充條款。拍賣公司與賣家簽訂委託拍賣合約時，有權要求賣家提供拍賣標的所有權證明，或者依法可以處分該拍賣標的之證明，並有權要求賣家說明該拍賣物件的瑕疵。

委託拍賣合約應包括但不限於以下內容：雙方的姓名或者名稱、國籍、證件號碼、住所、聯繫方式；拍賣標的作者、年代、名稱、質地、形式、尺寸、數量、保存狀況；賣家提出的拍賣標的底價；拍賣的時間、地點或有關拍賣時間、地點安排的其他表述；拍賣標的交付或者轉移的時間、方式；拍賣標的的鑑定；佣金服務費、圖錄費用，或經賣家要求由拍賣公司協助處理拍賣品之相關費用，例如包裝、儲存、保管、裝框裱褙、鑑定、修復與關稅等之支付方式與期限；拍賣公司對拍出之委託物件價款的支付方式與期限；拍賣未成交的有關事宜；有關保密事項的約定。

前期籌備步驟四：拍品保險

除非賣家特別指示拍賣公司毋須為拍賣品購買保險，拍賣公司通常會代賣家針對拍賣品進行投保，保險金額依拍賣公司對拍賣物之估價訂定，無論拍賣物最終是否被拍定，通常拍賣公司會向賣家收取保險費。拍賣品投保之保險期間，一般是以賣家將拍賣品送達至拍賣公司或交給拍賣公司徵件人員時起算。對於賣家來說，若賣家決定不購買保險，拍賣品之所有損害風險須全由賣家承擔，這點賣家需慎思。

前期籌備步驟五：庫房管理

拍賣公司存放徵集來的拍賣物件庫房應安裝適合的監控、報警和消防系統，滿足各類拍賣標的基本的保管條件。對有特殊要求的拍賣標的，可視情況配備相應的防水、防塵、防蟲、防火、防盜等保管設施。拍賣公司應將徵集到的拍賣標的及時入庫，庫房管理員應根據委託拍賣合約，對入庫拍賣標的核對驗收，並建立入庫拍賣標的登錄制度，將拍賣標的存放於指定庫位。對於人員進出的管理方面，非庫房管理人員進入庫房應有庫房管理員在場，所有進入庫房人員避免攜帶私人箱包、提袋、大衣、雨具及易燃易爆品入庫，避免人為因素的危害。

前期籌備步驟六：制定拍賣規則

拍賣規則是在拍賣活動中，各方參與者應當共同遵守的相關規定。其中買家、賣家規則係參與拍賣之條件與規定，並構成拍賣公司與買家、賣家訂定之合約的一部分，建議買家及賣家務必詳讀各項規則，參與拍賣時即視為同意所列相關條款與規定。若要進一步了解參與拍賣會有哪些規定，我將會在後面文章〈如何讀懂拍賣規則〉中詳細解析。

前期籌備步驟七：編排圖錄

拍賣圖錄是拍賣公司針對拍賣標的圖片或文字資料所集結成冊的出版物，以便各方了解拍賣活動以及拍賣物件的基本情況。拍賣圖錄的內容包括：拍賣活動名稱、預展及拍賣的時間和地點、拍賣規則等拍賣參與各方應知悉的內容、委託競投授權表格、拍賣公司聯絡方式、拍賣標的基本情況及特別說明。這裡所謂的基本情況是指拍賣標的名稱、作者及生辰、創作年代、形式、質地、尺寸、鈐印、題跋、參考價等內容，並可根據需要配附圖片，圖片應盡可能準確反映拍賣標的實際狀況和品質。現在不少拍賣公司為了爭取客戶，往往還聘請專家撰寫評價文章供買家參考，以建立權威信任感。

拍賣圖錄的編排是一項大學問，通常會選擇該場拍賣會裡面最高單價的、很稀有的、藝術史上重要的作品作為圖錄的封面。知名的收藏家國巨股份有限公司的創辦人兼董事長陳泰銘先生，在他剛起步收藏，自己沒有十足把握之前，通常會競拍購藏拍賣圖錄的封面作品，因此被稱為「封面先生」（Mr. Cover）。

在圖錄中所呈現的拍品編號如何排序，是一項很重要的行銷策劃工作，包括專場與專場之間、拍品與拍品之間的銜接，特別要考慮拍賣氣氛的設計和高潮的安排。在排序時尤其要注意高價位的重點拍品不要集中在一起，注意起承轉合的節奏與頻率，每場起首的一至三件盡可能安排成交把握大的拍品，以免無人競拍而冷場。一場文物藝術品拍賣，全部幾百件拍品，重點拍品編號的安排順序最好的辦法是穿插在首、中、尾三部分以激勵買氣，可形成競買潮湧態勢。

前期籌備步驟八：確認拍賣官人選

拍賣官是整場拍賣會執行過程當中的靈魂人物，若是拍賣官人選並非拍賣公司內部的員工，而是邀約獨立拍賣官的話，必須及早確認拍賣官人選的時間及檔期。我曾經在二〇一九年接獲一場秋季拍賣會的邀約，但因為邀約時間太晚，與我原本的工作撞期，幾經折衝還是無法接下這場拍賣會的主持工作。有了這一次經驗之後，拍賣公司基本上都會在拍賣會舉行的前半年甚至當年度年初，就先預訂我的檔期，由於台灣業內拍賣官的人才不多，尤其是經驗豐富具有專業主持特色的拍賣官特別搶手。

前期籌備步驟九：線上申報

拍賣會舉辦之前，拍賣公司應根據相關法律、行政法規的要求，完成向文化部申報拍賣會減免營業稅的工作。這項優惠政策是文化部依據《文化藝術獎助及促進條例》第三十一條第二項規定，於二〇二一年制定《文化藝術事業減免營業稅及娛樂稅辦法》，拍賣公司得就其文化勞務或銷售收入，向文化部申請免徵營業稅之認可。辦法中規定拍賣公司須於拍賣活動開始一個月前檢具應備文件，於文化部「文化藝術事業減免營業稅及娛樂稅線上申請系統」提出申請，逾期則不予受理。

前期籌備步驟十：宣傳與邀約

在拍賣前開展新聞宣傳和評論，宣傳拍賣會重點拍品，不僅能引發買家興趣與社會關注，還可以顯示拍賣公司的經營能力。尤其是拍賣會前的一至二個月，更要集中精力做好宣傳與買家邀約的工作。例如向買家寄贈拍賣圖錄，並與主要客戶進行電話聯繫，詢問是否收到、有什麼反映。特別對有意向的重要客戶，須極力邀請他們事先前來查看實物或出席預展。電子圖錄的即時性及方便傳輸性，是當前拍賣公司最為仰賴的宣傳品，有一些客戶看了圖錄以後會提出要看更多的相關資料，拍賣公司應盡力查證並即時提供。拍賣公司亦可藉由行銷手段、媒體宣傳、藝術評論來引起買家關注，並帶動市場風向球。

拍賣公司在前期籌辦拍賣會階段是否順利，對於拍賣會的成敗至關重要，尤其在徵集階段能否徵集到重要拍品，特別是市場上不常曝光的生貨、精品，更容易受到資金關注與買家追捧。二〇二一年八月一日帝圖藝術春季拍賣會，徵集到日本重要藏家舊藏五十二件于右任精品書法創作，均是市場極少流通的生貨，最終成交價破億台幣，拍賣官並獲白手套佳績。聽說當時各國有多家拍賣公司都向該藏家積極爭取委託拍賣，最後藏家竟然是因為日本三一一大地震時，台灣人慷慨救援，不管是捐錢還是直接幫忙，都讓日本人非常感動。基於感謝台灣的心情，最終藏家決定委託台灣的拍賣公司處理拍賣事宜。從這個故事我們也體會到徵件不僅看拍賣公司實力，也看巧妙機緣呀！

拍賣場人生小領悟

不僅要「努力」地工作，還更要掌握步驟「聰明」地工作。

天下一絕的于右任大師草書

09 如何舉辦一場拍賣會

二〇二〇年一月份，我走進一場拍賣會開拍前的預展大廳，見到一群人圍在某件作品前熱烈討論，我靜靜地在一旁等待人潮稍散，原來那件引人矚目的畫作竟是清代宮廷畫師郎世寧的神筆創作《照盆孩兒圖》。郎世寧出生於義大利米蘭，一七一五年前往北京城為清聖祖、雍正、乾隆所賞識。過去我們只能在故宮隔著玻璃欣賞郎世寧作品，此刻竟然能如此近距離觀看原作，我的心情是激動的，能夠跟知名藝術家作品一期一會，瞬間湧現一股難以言喻的幸福感。這張《照盆孩兒圖》圓渾鮮活，洵稱絕筆，融入西方繪畫細膩光影色彩變化與立體效果，有別於一般傳統水墨的表現，畫面左上方還有乾隆皇帝的御題詩「相共揶揄嬉，似與周旋慣，道是影非真，誰知形亦幻。」此作應是郎世寧奉乾隆旨意所作，圖中央小童欣喜地看著水中倒影的自己，真實與虛幻的兩張臉一正一反，一真一幻，一實一虛，郎世寧舉重若輕的高超繪畫技巧，形成引人入勝的「畫眼」，真正達到「體度如生」的效果。而這幅《照盆孩兒圖》也在預展後的拍賣會中，經由我手，以一．〇一億台幣落槌，為作品找到新主人，創下台灣首次破億的書畫拍賣紀錄。這背後所代表的是拍賣公司執行團隊兢兢業業、步步踏實，才能有這般榮局。

究竟舉辦一場拍賣會有哪些工作事項呢？在拍賣活動正式舉行時的工作事項包括：辦理預

展、講座推廣、保證金作業、委託競投、拍賣會實施、拍賣會主持、記錄實況、拍賣成交、成交確認書、財務結算、交付拍品等，需經一系列縝密規劃的行動，各步驟環環相扣又相輔相成，才能建構一場成功的拍賣會。

拍賣會舉行步驟一：辦理預展

拍賣前預展（Presale Exhibition）是拍賣公司對拍賣標的進行的公開展示活動。辦理方式是拍賣公司在舉行拍賣的前一或二天，就本次拍賣會的拍品舉辦展覽，通常無須邀請卡，即可免費開放公眾入場。中國大陸對於規範拍賣的專法《拍賣法》第四十八條即規定拍賣公司應當在拍賣前辦理預展，展示拍賣標的並提供查看拍賣標的之條件及有關資料，且拍賣標的展示時間不得少於兩日。為什麼要辦理預展呢？理由之一是世界上大多數的拍賣公司都奉行一條成文或不成文的慣例，即對藝術品拍賣之標的可以不保證其品質，即不擔保瑕疵，而以買家各自的眼光與判斷為準。依據國際上的法律、慣例經驗和藝術品拍賣經營交易的特點，中國大陸的《拍賣法》在第六十一條規定當拍賣企業無法確認拍品真偽及瑕疵時，允許不承擔相關擔保責任的免責聲明。因此，對於買家來說，親自參觀拍賣預展即是要確認拍品的現況。有些文物或畫作是經過修復的，買家也可在現場了解修復的情形；舉辦預展的理由之二是在拍賣預展現場，除了有機會檢視拍品，也是與專家面對面溝通的好機會，對於藝術品有任何疑問都可當場請教。買家、藝術相關領域的專業人物，到預展現場鑑賞拍品，是強化及交流鑑賞能力的好機會，對拍品多所了解的同時，也可依此評估市場風向。

買家和收藏家們參加拍賣會的預展是一項非常嚴肅而重要的活動，觀看預展提供買家近距離評估拍賣圖錄上藏品的實際狀況，買家也可透過觀察藝術品的保存狀態、色澤、實際尺寸，評估其他買家的現場回饋等情報資訊，決定競拍時的預算分配與積極度。買家們磨拳擦掌看準每一件目標拍品，拍賣的決戰，實際上從預展現場就已經開始了。

拍賣會舉行步驟二：講座推廣

有些拍賣公司會在拍賣會前舉辦推廣講座，主題往往會扣合此次拍賣會重點拍品資訊或是相關的專業知識，藉由邀請專家演講，提供收藏家們或是有興趣的民眾，深入了解的機會。二〇一八年十月的一場「瑰麗珠寶與翡翠手飾專場拍賣會」，拍賣公司就在拍賣會前為珠寶專場拍賣開始耕耘藏家，舉辦「鑑賞珠寶的藝術：戴出好命、好運、好元氣」免費講座。講師的邀請人選對於講座的吸引度極為關鍵，猶記得那場講師非常幽默，演講中除了提到佩戴珠寶能收穫好氣場之外，他鼓勵現場的女性聽眾多多佩戴珠寶耳環，他還用了一個非常有趣的比喻，他說太太佩戴耳環猶如兩座海上明燈，隨時指引著迷航的老公，找到正確的方向。

拍賣會舉行步驟三：保證金作業

雖然參加拍賣會通常不需另持邀請函進場，但為了保障交易安全，拍賣公司和參與競買者應簽署競買協定。競買協定文本的內容包括：競買人和拍賣公司的基本情況、競買牌號、雙方在拍賣活動中的主要權利和義務、拍賣規則。在競買人向拍賣公司繳交一定金額的保證金之後，拍賣公司即發放標示買家登記參加拍賣會編號的競買號牌（Paddle），作為競買人參與現場競價的唯一憑證。若有意競投拍品，競買人需舉起號碼牌直至確定拍賣官看見為止。拍賣官也會將擁有號碼牌的買家出價行為，視為有效的競價。

拍賣會舉行步驟四：委託競投

在拍賣會正式開始之前，拍賣公司會為缺席競投（Absentee Bid）的買家，在拍賣現場為其提供代為傳遞競買資訊的服務。讓無法或不想出席拍賣會的人，以「書面」、「委託」或「委任」的方式參與競投，競買人需在開拍前填寫並提交缺席競投出價表。

拍賣會舉行步驟五：拍賣會實施

拍賣會場布置可根據實際需要規劃設置專區，例如：拍賣台、競拍座位區、諮詢接待處、競投登記處、結算處、媒體接待處、委託競投處、圖錄資料發放處、拍品查驗及領取處，以及電腦系統、通訊系統、投影系統、監控系統、攝錄像系統等專屬區域。拍賣公司可依拍賣標的狀況和競買號牌的發放數量，合理布置拍賣會場，並考量需要安排委託競投席可容納的工作人員數量。

拍賣會舉行步驟六：拍賣會主持

拍賣官（Auctioneer）在拍賣會前應當宣布拍賣規則、勘誤調整和注意事項。在拍賣會上，拍賣品（Lot）出售是以一個單位為計，一個單位可以是一件物品或一組物品。拍賣官原則上應按照拍賣圖錄中的編號順序依次拍賣，如有調整，應在拍賣前予以說明。若拍賣標的無保留價，拍賣官也應在拍賣前予以宣告。競拍時，多方較勁，務必得標，是最讓人屏息以待的時刻，準買家在競投期間向拍賣官表示願意付出購買拍品的金額的動作稱為出價（Bid）。拍賣官負責主持整場拍賣會，訓練有素的拍賣官通常會在拍賣物品前，先簡略介紹該物品，拍賣官一旦報出起拍價，代表競買人可以開始應價，其他競買人也可加價提出更高的叫價，及至出現場上最高價。

拍賣會舉行步驟七：記錄實況

在拍賣台上，設有電子螢幕讓買家觀看拍賣進度，大部分螢幕都會顯示現在進行的拍品編號、拍品的名稱以及作者、拍品照片、當前競價的價位。當然拍賣會的競買人不一定是本地人，往往有其他的國際人士，在台灣通常螢幕上所顯現的拍品價格有台幣、美金、人民幣三種幣別。幫助競買人了解現在拍品的競買狀況，以便思考要不要再加價。除了電子螢幕之外，現場還有一批工作人員負責執行記錄實況，例如攝影師是透過鏡頭為拍賣會留下影像；負責錄影的工作人員最主要的功能之一就是全程記錄拍賣會競買過程，通常錄影器材會架設在拍賣場地的最後方，所以競買人的表情或者舉牌的細微動作錄影不見得都會拍到，這時候拍賣官能否正確地報出牌號以及每位競買人應價金額與落槌價格，以留存紀錄在影片當中，成為交易的依據，就顯得非常的重要。由於現在直播技術的運用，可以讓委託競買者及網路競價者隨時掌握拍賣實況，因此，現場錄影也常兼具直播的功能。

拍賣會舉行步驟八：拍賣成交

何時競拍結束是由拍賣官判定，拍賣官在該項拍品競拍結束前，有時會提出警告（Fair Warning），表示拍品即將落槌成交，提醒競買人把握出價的最後機會，如果之後沒有人出價，拍賣官便會落槌（Knocked Down）以示成交。拍賣會節奏張弛，高峰迭起，當某件拍品成功售出，拍賣官會立即宣布落槌金額及競拍成功的牌號，但如果競買人出價未達底價或沒有競投者，拍賣官則會宣布「流拍」（Bought-In），亦即物品未能售出，仍為原持有人賣家所保有。

進行拍賣時，也應製作拍賣筆錄，拍賣筆錄須由拍賣官、記錄人或書記官簽名。拍賣成交後，買受人和拍賣公司應簽署成交確認書，成交確認書是對拍賣成交事實予以確認的書面憑證。在實務操作上，通常中國大陸的拍賣公司會在拍賣官落槌成交後，立即由工作人員遞送成交確認書至買受人座位，讓買受人簽名，這種方式雖能掌握取得拍賣結果書面確認的時效，卻也十分打擾正在競拍的買家。因此，有些台灣的拍賣公司已修正改變為拍賣成交後，買受人離場前再去付款結算處簽名確認。

拍賣會舉行步驟九：財務結算

拍賣結算分為買受人（買家）及委託人（賣家）兩種對象分別進行。買受人贏得拍品，拍賣公司會記下落槌價及號碼牌的編號，買受人必須攜帶號碼牌、成交確認書、競買保證金收據，前往付款結算處繳付款項，辦理拍賣結算事宜，應付金額包括拍品落槌價及買家佣金服務費。買受人若委託他人代為付款，代理人應出具買受人的授權委託書，拍賣公司也應核對代理人的有效身分證件，並複印留存；對於委託人方面，拍賣公司的財務結算則會將拍品落槌價扣除賣家佣金（Seller's Commission）、保險費用，以及根據國家有關稅務規定，由拍賣公司履行代扣代繳義務的所得稅金額，將之後的餘額結算給委託人。

拍賣公司在結算給委託人時，還可能有其他衍生費用須從給付金額中扣除，例如保管費用，委託人將拍賣標的交付拍賣公司之後，雙方約定不予投保或無法投保的拍品，拍賣公司可向委託人收取合理的保管費用。又或者委託人逾期不領取未上拍或未成交的拍賣物品，拍賣公司也有權要求向委託人收取保管費用。

拍賣會舉行步驟十：交付拍品

買受人完成款項交付結算後，持拍賣標的提取憑證辦理提取手續，再由拍賣公司交付拍品。特別提醒，買受人提取拍賣標的後，拍賣公司應當場收回拍賣標的提取憑證。買受人委託他人提取拍賣標的時，代理人應出具買受人的授權委託書以及拍賣標的提取憑證，授權委託書應載明代理人的姓名或者名稱、身分證件以及號碼、代理事項、代理許可權和有效期，拍賣公司應核對代理人的有效身分證件，並複製留存。

以上所述十項拍賣會舉辦步驟僅是大多數拍賣公司所採行的方法，其實拍賣並沒有固定模式，但有一定之規。一場拍賣會從一開始拍品徵集的過程就頗為繁複，例如徵集過程要做拍品鑑定鑑價，要跟賣家協商底價並簽約，收件拍品還得進行辦理保險、入庫盤點等手續。另外，舉辦一場拍賣會，得訂妥場地，做宣傳、辦預展，邀集買家參與，整個過程加起來往往需要耗費半年的時間。拍賣公司團隊花了如此大的力氣，徵集到的拍品交給拍賣官來主持，將最後這項落槌的權利交給拍賣官，拍賣官任重道遠，對於拍賣公司組織團隊的努力付出心存感恩，唯有提前做好功課，在拍賣會上審時度勢、展現專業，在拍賣台上揮灑自如、創出佳績，才不辜負團隊的辛勞。感恩與珍惜，我就是秉持著這樣的心態，一槌一槌地，敲出傳奇的拍賣人生。

拍賣場人生小領悟

天道酬勤，凡事感恩，是拍場哲學，也是人生智慧。

再續龍坡雅集——
臺靜農先生書畫珍藏暨書法專題
張大千《翠蓋紅荷圖》

拍賣會預展

帝圖藝術拍賣
140
溥心畬
寒玉堂山水冊(12開)
NTD 2,800,000
RMB 651,163
HKD 703,518
USD 88,106

拍賣會實況

拍賣會的服務台，可以繳交保證金、辦理號碼牌

拍賣官身旁有兩位書記官輔助（圖／帝圖藝術提供）

台灣第一件拍賣過億的書畫拍品——郎世寧的《照盆孩兒圖》

10 如何完成一場拍賣會

國立歷史博物館巍峨的紅牆與植物園翠綠的荷葉，向來是台北南海學園博物館群中令人驚艷的景緻，二〇二四年二月，史博館歷經六年整修後重新開幕，成為台灣博物館界的大事。國立歷史博物館成立於一九五五年，標準草書大師于右任先生受邀為國立歷史博物館書寫建館記，這件《國立歷史博物館建館記草書八聯屏》完成於一九六二年，全文三八三字，書寫內容是國立歷史博物館建館的歷史。作品字形結構，繁簡允當，充分表現「標準草書」特色，屏首榜書字大盈尺，神全氣足，被列為國立歷史博物館館藏。二〇二一年三月二十八日，我主槌帝圖藝術迎春拍賣會，其中一件拍品《于右任建館記巨幅四條屏》即是于右任先生撰寫歷史博物館建館記的初始稿，經與國立歷史博物館館藏件比對其中文字，尚有斟酌增減，用字修改甚多，可見于右任為書寫此開館記的用心真切。定稿版本雖已典藏於國立歷史博物館中，但是連接史博館的開館歷史，四屏建館記初始稿版本的特殊文獻價值崇高異常，亦是于右任草書創作最高峰的經典傳世之作，我能主槌拍賣此件建館記之初稿版本，真是備感榮幸。這幅《于右任建館記巨幅四條屏》以二百五十萬台幣起拍，經多方爭奪競價，最終以一千四百五十萬台幣落槌。這場近現代與古代書畫專場在眾人掌聲中圓滿落幕，拍賣會結束之際，眾買家激情過後，拍賣公司還有哪些工作事項需要後續處理呢？

對於拍賣會的具體實踐經驗中，從前期籌備再到拍賣會的舉行，接下來在拍賣舉行後的工作包括：退還未交易的拍品、統計成交數據、申報繳稅、檔案管理，以及解決爭議等事項，才算是完成一場拍賣會。

拍賣會後工作步驟一：退還拍品

拍賣標的退還，是指賣家委託拍賣公司展示的拍賣品，因未上拍或未成交，或因任何理由而撤回拍賣，拍賣公司應即時通知委託人憑有效身分證件及相關憑證辦理退還手續，領取拍賣標的。一般而言，拍賣公司會針對退還拍賣品的作業，以書面通知或其他可通知到委託人的方式，設定一定期限內要求賣家領回拍賣品。若超過領取期限仍未領回，拍賣公司將收取保管費，並加收保管期間產生的保險費用。該拍賣品如在上述通知賣家後一定期限內未被領回，拍賣公司可決定是否將該拍賣品進行處置。拍賣標的退還應列於賣家規則中，並載明於拍賣公司與賣家簽訂的委託契約中。也有的拍賣公司會在當初徵件時雙方議定，若拍品未拍出，拍賣公司在拍賣會後的一定期限內，轉作為賣家之獨家代理人，按與賣家簽的委託底價，私下出售拍賣品，或按拍賣公司與賣家另行同意之較低價格私下出售拍賣品，開啟拍賣會後的私洽業務。

若委託人不克親自領回拍品，以委託代理人方式辦理領取事宜時，代理人應當出具委託人的授權委託書。授權委託書應當載明代理人的姓名或者名稱、身分證明及號碼、代理事項、代理許可權和有效期。拍賣公司也應核對代理人的有效身分證件，並複製留存。

拍賣會後工作步驟二：解決爭議

拍賣會後產生的爭議無奇不有，常見的狀況包括買受人未履行付款、賣家未履行交貨，尤其是買受人未履行付款，是各家拍賣公司之痛，因此各家拍賣公司均對此狀況之處置規範列於拍賣規則之中。例如買受人並未在成功拍賣日後一定期限內付款或未有領取已購拍賣品，拍賣公司即會主張其權利或施行補救辦法，諸如加計欠款之利息，或是收取依成交價一定比例計算之懲罰性違約金，或是將買家未付之款項，用以抵銷拍賣公司或其他關係企業在任何其他交易中欠下買家之款項，也有的拍賣公司會將該已購拍賣品出售並將收益用以清償該未付之欠款。

從藝術市場資訊平台 Artnet 與中國拍賣行業協會合作公布的《2022 中國文物藝術品全球拍賣統計年報》，深度解析中國文物藝術品在全球拍賣市場的表現。當前拍賣公司普遍存在的結付款問題，截至二〇二二年五月十五日，中國大陸的拍賣成交總額結算比例僅完成四十六%，結算率為近十一年來最低；在高價區間的拍品中，完全結算付款的拍品數量比例亦只有三十七%，對比二〇一一年四月三十日成交價格在一千萬元人民幣以上的結算率仍維持有五十八．〇九%，可見目前情況惡化程度。在台灣雖然無正式的結算率統計數據，但推估結算比例應較中國大陸略高。

對於買受人未履行付款的問題，拍賣公司也最大限度的採取了相對措施，諸如將有惡意、刻意拒付款拖欠紀錄的客戶，直接拉入「黑名單」擋在拍賣交易門外。目前的黑名單確實只存在於各個拍賣公司內部資訊，屬於公司商業機密，未對社會公布，同行之間也沒有黑名單通報機制，到底對被列入黑名單者有多大的威懾力，令人疑惑。

至於參與拍賣活動的拍賣當事人產生爭議時，可採取的爭議解決途徑，還是採取以和為貴的原則，雙方先進行協商。若協商不成再向地區政府機關調解委員會申請調解，最後的底線才是循司法途徑，向法院提起訴訟。

拍賣會後工作步驟三：申報繳稅

二〇二一年文化部依據《文化藝術獎助及促進條例》第二十九條第四項規定，制定《文化藝術事業辦理展覽或拍賣申請核准個人文物或藝術品交易所得採分離課稅辦法》，其中最重要的條文是規範賣家可以自由選擇是否採用所得分離課稅規定。在辦法第二條提到，經文化部認可之拍賣公司在中華民國境內辦理文物或藝術品之展覽、拍賣活動，得依本辦法之規定向文化部事先申請核准，就個人透過該活動交易文物或藝術品之財產交易所得，由該拍賣公司擔任扣繳義務人，並依第十條規定辦理所得稅分離課稅扣繳及申報。

文物或藝術品交易所得採分離課稅之適用對象為個人，非個人不適用，且經核准為扣繳義務人之拍賣公司，應依所得稅法規定辦理扣繳、申報及填發憑單。拍賣公司依規定扣取稅款前，如賣家為中華民國境內居住之個人，應取得賣家同意採行分離課稅之書面文件，於每月十日前將上一月內所扣稅款向國庫繳清，並於每年一月底前將上一年內扣繳各納稅義務人之稅款數額，開具扣繳憑單，彙報該管稽徵機關查核。倘若賣家不同意採用分離課稅，拍賣公司可免依規定代為扣繳申報，稅金由該賣家自行依所得稅法規定計算財產交易所得併入該年度綜合所得總額課稅。

拍賣會後工作步驟四：檔案管理

每場拍賣會結束後，拍賣公司即會核算拍賣結果（Results），包括落槌價、以及加計買家佣金服務費的成交金額、成交率。有些公司會主動在網上發布以當地貨幣計算的競投結果，有的會呈現在各種拍賣統計年報中，但大多數仍將此視為營業機密而不對外界透露。除了基本計算成交金額、成交率之外，因應藏家年輕化及網路成為拍賣的工具運用趨勢，拍賣公司也會做相應的統計。二〇二四年七月國際拍賣行佳士得舉辦全球線上記者會時，公布二〇二四年上半年線上競標比率，以及年輕世代（千禧與Z世代）客戶等新的指標數字。

以上數據統計僅是拍賣公司檔案管理的一部分資料，檔案資料的內容還應包含：委託拍賣合約、委託人所提供對拍賣標的享有所有權或處分權的證明資料、證照影本等，以及拍賣標的的保管、保險、移交等事項的有關資料，拍賣標的資料，包括拍賣圖錄、與拍賣標的相關的各類圖片、文字資料、鑑定紀錄文件；預展及拍賣現場的影像、文字資料；競買登記檔，包括競買協議、競買人的身分證明影本、委託代理競買授權書，以及代理人的身分證明影本；拍賣規則；成交確認書、拍賣筆錄；宣傳文字影音；有關拍賣業務經營活動的完整帳簿和其他有關資料。

在文化部公告之《文化藝術事業辦理展覽或拍賣申請核准個人文物或藝術品交易所得採分離課稅辦法》第六條中，明確規範拍賣交易時，拍賣公司應留存的資料計有：出賣人及買受人身分相關證明文件及聯繫方式；個別文物或藝術品交易之日期、品項、金額紀錄及稅務申報所需其他相關資料；出賣人或買受人係委託第三人代為交易者，該代理人身分相關證明文件及聯繫方式；個別文物或藝術品交易金額達新臺幣五十萬元（含等值外幣）者，文化藝術事業應依前項規定辦理，並留存該筆交易買受人所有交易款項之相關支付憑證。

至於檔案管理的方式，拍賣公司可自行選擇檔案管理方式，管理方式有以拍賣會為單元整理存檔，或是以資料的內容為單元分類存檔。無論採取哪種方式存檔，每個拍賣檔案均應建立目錄和編號，做到真實、準確、完整且方便查閱。

在檔案保管期限方面，文化部《文化藝術事業辦理展覽或拍賣申請核准個人文物或藝術品交易所得採分離課稅辦法》第七條明訂，文化藝術事業依前條規定所留存之資料，應以原本之方式自行留存，並自交易完成之日起算留存至少七年；中國大陸商務部頒布實施的《文物藝術品拍賣規程》則規定拍賣公司應妥善保管檔案資料，保管期限自委託拍賣合約終止之日起計算，不得少於五年。

《文物藝術品拍賣規程》自二〇一〇年七月一日正式實施，從文物藝術品拍賣術語、拍品徵集、標的鑑定、倉庫管理、圖錄製作、拍賣會實施、財務結算、爭議解決、檔案管理等方面作了明確規定，是中國大陸文物藝術品拍賣活動必須遵循的原則。有了規程可進一步規範文物藝術品拍賣公司，也能縮短文物藝術品拍賣公司之間經營管理能力的差距，是中國大陸自從拍賣業恢復發展多年來第一部拍賣產業可依循的執行標準。

我以三個篇幅簡介一場拍賣會從拍前籌備、拍賣執行到拍後結案應有的步驟與程序，隨著文字的描述，許多記憶中的場景逐一浮現，我曾經隨同拍賣公司至藏家住處徵件，看到徵件人員洽談、丈量作品尺寸與記錄的認真態度；我也出席過無數場拍前預展，見到藏家們專注細賞拍品的眼神；在拍賣會的現場，我感受到拍賣公司團隊長時間堅守分工崗位的辛勞。每當我主持拍賣完成最後一件拍品時，我總是會向現場的買家及民眾鞠躬致意，表達對他們參與的感謝。走回後台心情是輕鬆卻又有些許複雜，我會為剛剛拍賣場上表現好的部分欣喜，也會檢討可以再精進的執槌技巧，其實更多的是想自己能為拍賣產業貢獻什麼？卸下耳掛式麥克風，我重新整理好衣著，坐在後台啃了一顆包子又喝了一點水，滿足了身體的飢渴後，我走往前台大廳，向服務台的團隊工作人員說聲感謝。一場拍賣會對拍賣公司來講是資源的投入、是人力的付出、是人脈的匯集，無論成果如何，在這一場拍賣會結束的同時，也是下一場拍賣會準備的開始。故事的起承轉合，總在曲終人散之後……。

拍賣場人生小領悟

成功的步伐不在於快慢，在於能否堅持完成最後一哩路。

工作團隊合影

模擬拍賣會

11 如何讀懂拍賣規則

由於自己長期擔任拍賣官的角色，總不免經常收到各家拍賣公司寄來編排精美的拍賣圖錄，在翻閱拍品內容之餘，我還會仔細研究印製在拍賣圖錄後面附頁，印刷字體非常小，又寫得密密麻麻的《拍賣規則》（auction rules）。什麼是拍賣規則？拍賣規則是構成拍賣制度的基本規範，是各種拍賣制度安排的表現形式。廣義上的拍賣規則是指拍賣活動應當遵守的從法律到拍賣機制等一切規則；狹義上的拍賣規則僅指各拍賣公司制定的拍賣活動業務規則。如果你想參加拍賣會，需要做哪些功課呢？除了關注你有興趣的拍品之外，建議可從了解拍賣公司的拍賣規則開始著手。雖然各家拍賣公司常因經營規模、管理條件而設定不同的拍賣規則，然規則之設計仍需以當地法律為本，台灣並無制定專門的拍賣法，拍賣行為規範條文散見在《民法》中。為了方便讀者能輕鬆掌握業界拍賣公司的拍賣規則，我將以自問自答的方式來撰寫本篇內容，綜合重點拍賣公司的拍賣規則，讓大家能簡單理解，一次看懂拍賣規則。

如果要委託拍賣，除了提供拍品，賣家還有哪些責任？

首先，是拍品所有權的保證。賣家須承諾及擔保本身為拍賣品之唯一所有權人或合法持有人，且具備將所有權及相關所有權利轉讓予買家之無限制權利。若擔保有任何不確實之處，賣家須應要求保證完全償還拍賣公司及買家一切因之而引起之索償、訴訟費、律師費、所有費用或開支，而不論是因拍賣品還是因拍賣收益而引起。

其次，避免賣家利用拍賣會為拍品作價擾亂市場。拍賣規則規定賣家不得以自己或第三人名義隨意哄抬競投價格，不得以自己或第三人名義參與競標委託拍賣品，亦不得聘請任何人代賣家參與競投委託拍賣品。倘若賣家以自己或第三人名義隨意哄抬價格，或以自己或第三人名義參與競標委託拍賣品致拍得拍品，則視為拍定，賣家應同時負買家之所有責任。但是拍賣公司有權代理賣家以不超過委託底價之價格參與競投。

拍賣會可以隨意進場觀看嗎？

大部分拍賣活動或於拍賣公司之場地進行，或於拍賣公司為拍賣而具有控制權之場地進行，拍賣公司具有完全之決定權，可行使權利拒絕任何人進入拍賣場地或參與拍賣；但也有部分拍賣公司開放給大眾免費參與，參加者可自由決定是否競投。大部分拍賣會均於白天舉行，但也可能由於拍品數量眾多或規劃高價精品專場，往往設有晚間拍賣會，有些需要持券入場。對於想了解拍賣會的一般民眾，建議可於網上觀賞拍賣會實況。

拍賣公司能保證拍賣物品的真實性嗎？

通常拍賣公司對拍品並不負保證真品或瑕疵擔保責任，因此拍賣規則中會特別聲明以下幾項重點：第一，拍賣品僅以「現狀」拍賣，不負瑕疵擔保責任。拍賣公司可提供拍賣品之狀況報告，對所有缺陷、瑕疵與不完整已盡可能提及拍賣品之顯著損壞，但圖錄或狀況報告中未說明拍賣品之狀況並不表示該拍賣品沒有缺陷或瑕疵，拍賣公司不保證拍賣品不包括其他缺陷與瑕疵。

第二，建議買家親自查看原件。鄭重建議準買家應於拍賣進行之前親自鑑定其有興趣競投之物品，拍賣前應詳細審閱拍賣品之相關資訊。

第三，拍品不保真。拍賣公司就任何拍賣品及拍賣證明文件之真偽，均不對買家作任何保證。

拍賣圖錄中，對於拍品的描述與資訊可信嗎？

拍賣公司之圖錄及網站目錄中對於拍賣品之描述僅供參考。拍賣公司對於任何拍賣品的品質、特定用途、描述、尺寸、質量、狀況、作品歸屬、真實性、稀有程度、重要性、媒介、來源、展覽歷史、文獻或歷史的關聯等陳述，均僅屬意見之陳述，不應據以為確實事實之陳述。目錄圖示僅作為指引而已，不應作為任何拍賣項目之依據，拍賣公司對於圖錄中對拍品的描述，不保證、不擔保、不承擔任何責任。

拍賣公司對拍品存在著保留意見時，在圖錄中的表述方式可以見端倪，在此提供一些判讀的要訣。例如「傳」、「認為是……之作品」指拍賣公司有保留之意見認為，某作品大概全部或部分是藝術家之創作；「……之創作室」及「……之工作室」，指拍賣公司有保留之意見認為，某作品在某藝術家之創作室或工作室完成，可能在他監督下完成；「……時期」指拍賣公司有保留之意見認為，某作品屬於該藝術家時期之創作，並且反映出該藝術家之影響；「跟隨……風格」指拍賣公司有保留之意見認為，某作品具有某藝術家之風格，但未必是該藝術家門生之作品；「具有……創作手法」，指拍賣公司有保留之意見認為，某作品具有某藝術家之風格，但於較後時期完成；「……複製品」指拍賣公司有保留之意見認為，某作品是某藝術家作品之複製品；「附有……簽名」、「附有……之日期」、「附有……之題詞」、「款」指拍賣公司有保留之意見認為某簽名、某日期、題詞應不是某藝術家所為。

若要在拍賣會競投，需要事先辦理哪些手續？

在拍賣會競投，必須於拍賣前一天向拍賣公司完成登記手續。買家可以選擇親自登記或是網上登記，每一位買家在作出競投之前，必須填妥及簽署登記表格，並提供身分證明，拍賣公司通常會要求買家提出銀行發出的財務證明文件或其他相關財務資料，以進行信用核查。

辦理競投號碼牌需要多少錢，若沒買到拍品，可以退錢嗎？

取得競投號碼牌必須先向拍賣公司提交保證金，通常金額為新台幣二十萬元或五十萬元，也可以繳交支票，若繳交支票，須於拍賣舉行三日前完成辦理。有些拍賣公司允許信用良好的老客戶免繳保證金。若競投者未支付競投保證金，拍賣公司有權不接受其競投。有時拍賣公司徵得高價拍品，會採行特殊競標牌號保證金機制，提高投標牌號保證金的額度為新台幣一千萬元，以降低交割時的風險。

若成功競得拍品，拍賣公司有權使用該保證金作為支付拍賣品購買價款的款項；若未能拍得拍品，保證金將在拍賣結束後七或十四個工作日內，全額無息退還；若違約或逾期不交割者，保證金將作為違約金，不予退還。如果買家希望在拍賣現場競投，必須在拍賣舉行前至少三十分鐘辦理登記手續，並索取競投號碼牌。

如果拍賣當天無法親自來競投，可以委託拍賣公司代為競投嗎？

一般而言，拍賣公司均會免費提供代為競投的服務，因拍賣進行之情況可能使拍賣公司無法代為競投，如出現任何錯誤、遺漏而未能按委託作出競投，拍賣公司將不負任何法律責任。委託競投的辦理時間亦有所規定，例如規定必須在拍賣開始前至少二十四小時辦理申請電話、書面或網路競投。拍賣公司就某一拍賣品而收到多個委託競投之相等競投價，而在拍賣時此等競投價乃該拍賣品之拍定最高競投價，則該拍賣品會歸其委託競標單最先送抵拍賣公司之人。

若準買家於拍賣前與拍賣公司作好安排，採用電話競投，拍賣公司將努力聯絡競投者，使其能以電話參與競投，但在任何情況下，如未能聯絡或無法參加電話競投，拍賣公司對賣家或任何準買家均不負任何責任。

拍賣時，哪些事是由拍賣官決定？

各家拍賣公司均在拍賣規則中主張，拍賣時拍賣官具有絕對決定權。拍賣官負責主持整場拍賣會，並在每件拍品開拍前先作簡單介紹，然後以低於該物品底價的價格起拍。無論競投者是親身出席拍賣會、透過網上競拍或電話參與競投，拍賣官都會公開每位競投者的出價；拍賣官有權拒絕或接受任何競投；以其決定之方式推動出價；將任何拍賣品撤回或分批、將任何兩件或多件拍賣品合併；決定成功競投人；如遇有誤差或爭議，即便已經落槌，拍賣官有權決定是否繼續拍賣、取消拍賣或將拍賣品重新拍賣；改變拍賣品的順序；拍賣官可代表缺席競投者出價；拍賣官具有最後裁定的權力，可判定拍賣何時已獲得最高出價，並宣布拍品「成交！」。

買到拍品後，要如何付款？

收款，是拍賣公司舉行拍賣會的過程中，最重要的環節。成功競投後，買家須向拍賣公司提供其真實姓名及永久地址，拍賣公司也可能要求買家提供付款銀行之詳情，包含但不限於付款帳號。買家成功競投拍賣品後，應自拍定日起七或十日內一次付清款項，完成交付手續並取貨。有的拍賣公司會要求買家於拍賣後當日支付拍賣品成交價三十％為訂金，也有的拍賣公司為防止洗錢疑慮，拍定價格超過新台幣三十萬元者，不接受現金支付，而且只接受登記競投人付款，發票一旦開具，發票上買方的姓名不能更換。

《民法》第三九一條提到拍賣之成立，所謂的拍賣，因拍賣人拍板或依其他慣用之方法，為賣定之表示而成立。拍賣是一種以競爭出價之方法為要約，以拍定為承諾而成立的買賣契約。雖然賣家與買受人之權利義務與一般買賣相同，但是拍賣特別之處在於拍賣之買受人如不按時支付價金時，拍賣公司可解除契約，將該拍品再行拍賣，毋庸先經催告程序，有別於一般契約解除之規定。

如果在拍賣會買到贗品怎麼辦？

拍品的真真假假常是藝術拍賣的盲區，所謂贗品，係指拍賣品所檢附之畫廊保證書；藝術家出具的原作保證書；創作藝術家、代理畫廊或展覽單位所出版之畫冊；藝術家配偶或直系親屬出具的證明文件，經拍賣公司認可之鑑定單位出具之鑑定報告書鑑定證明文件為偽造者。買家如認定拍賣品係為贋品，需於拍定後十或十四個工作天內，以書面通知拍賣公司。

買家應於拍定後二十一個工作天內，將購得屬於贋品之拍賣品退回拍賣公司，且拍賣公司收到該拍賣品時，該拍賣品之狀況需與拍賣現場展示時相同，否則拍賣公司可拒絕買家退貨還款之要求。若買家於符合贋品鑑定條件並於規定期限內將購得之拍賣品退回拍賣公司，並經確認無誤後，始得要求將支付款項無息退還。

有些拍賣公司推出「真品保證」，如果在拍賣日後的五年內，拍賣公司接獲買家通知拍賣品不是真品，拍賣公司主張有權要求雙方均同意的、在此拍賣品領域被認可的兩位專家的書面意見，若證實非真品，經拍賣公司確認後，買家的權利就是取消該項拍賣及無息取回已付的購買款項，且不能主張其他賠償。

什麼是圖錄費？怎麼收？

我們常聽到拍賣公司向賣家提到圖錄費，這又是怎麼回事？有一些拍賣公司會向賣家收取圖錄費，圖錄製作需經拍照、編排然後印刷再寄送到藏家手上，其實是有成本的。如果作品有拍出去的話，基本上拍賣公司因有佣金收入，就不另向賣家收取圖錄費。如果有拍賣公司一開始就跟賣方談非常高額的圖錄費，這時候可能就要小心了，曾經在中國大陸有一些案例，拍賣公司一開始會跟賣家說物件很值錢，開了很高的估價，並依估價收取一定比例的高額圖錄費，拍賣的結果想當然爾最終沒有拍出去，可是拍賣公司卻已賺到賣家的圖錄費，這種不良拍賣公司的不正當行為，是賣家應小心注意的陷阱。

最後我們來聊聊沒有寫在拍賣規則裡，卻是拍賣公司大都會遵守的規則。中國大陸《拍賣法》第二十一條規定：委託人、買受人要求對其身分保密的，拍賣人應當為其保密。在拍賣產業中，儘管委託人或買受人未要求拍賣公司保密其身分，按慣例拍賣公司還是會為其保密。但有一些買家反而極為高調，例如中國有一位知名收藏家劉益謙，他於二〇一四年以二．八億人民幣，拍到了繪有公雞、母雞領一群幼雛，於花石間覓食圖案的明代成化鬥彩雞缸杯，刷新當時中國瓷器世界拍賣紀錄。且還當著媒體的面，泡了一壺茶，用這距今六〇〇年高價的雞缸杯來品飲，把媒體們都嚇壞了，劉益謙先生幽默地說，他只是想「吸一口仙氣」。

拍賣場人生小領悟

規矩，既是束縛，也是保護。

12 拍賣經濟學之拍品價格訂定

如果我告訴你一件拍品有五種價格表示，你會相信嗎？一件拍品有底價、預估價、起拍價、落槌價、成交價，如果我再告訴你這五種價格名稱的數字可能有的一樣，也有的不一樣，你肯定會眼花撩亂！以拍賣過程來說，前期籌備時，拍賣公司須前往賣家處徵件，拍賣公司徵件人員會跟賣家商議「底價」（或稱為保留價），作為委託合約的重要內容；接著拍賣公司對拍品評估出「預估價」；在拍賣會時，拍賣官會針對拍品向買家宣布「起拍價」；競買結束，拍賣官落槌時的拍品價格稱為「落槌價」；最後媒體報導我們常見的拍品價格是以「成交價」來表述。那麼拍品的底價又是誰說了算？拍品的預估價是如何制定出來的？起拍價是誰決定的？落槌價又是誰決定的呢？成交價又是如何計算出來的呢？

容我用實際的案例來說明，二〇一九年我曾在帝圖藝術春季拍賣會上，執槌一件溥心畬的清新雅作《千金菜》。溥心畬的寫生，是他畫作中相當有特色的類別，所有食材都能輕易入畫，最著名莫過於萵苣，這種對現代人而言毫不起眼的蔬菜，透過筆觸墨韻，畫面馬上轉變如松、竹那樣具有悠久傳統與人文氣息的植物，要到達如此境界，不僅需有繪畫技巧，更涉及深厚素養，讓平凡無奇的萵苣菜轉身為經典的「千金菜」。該作品起拍價為六十萬台幣，在拍賣圖錄上登載的預估價為六十萬至一百二十萬台幣的區間範圍，在拍賣會中，拍賣官宣布起拍價為六十萬台幣，經由競價之後，場上出現最高應價一百五十萬台幣，拍賣官落槌結束競拍，一百五十萬即為落槌價，拍賣會結束後，拍賣公司結算以落槌價一百五十萬加上分別向買受人與賣家收取佣金服務費假設為二十七萬，最終公布成交價為一百七十七萬台幣。

所謂的底價（Reserve Price），亦稱為「保留價」，是指拍賣公司與賣家（委託人）協定的拍品成交最低價格，拍賣品不能以低於該價之價格售出。一般認為底價規則產生於古羅馬時期，當時經常拍賣掛毯、雕像等，拍賣價格不達底價不能成交。後來拍賣制度逐步發展完善，形成底價是拍賣的普通條件，並非必要條件，無設定底價限制的拍賣也經常發生，不過沒有設定底價的拍賣，對賣家來說存在極大的不確定風險。

那麼由誰來訂定「底價」的金額呢？理論上的做法有三種：由專業估價人員訂定、由拍賣公司訂定、由賣家訂定。實際的做法可以允許有不同，如果專業估價人員、拍賣公司、賣家三方在確定某一拍品底價時意見不一，最終仍以協商方式由賣家確認金額。但無論如何，底價是需要保密的。在我的執槌經驗中，當拍到設有底價的拍品時，一定設法記住底價是多少，以免一時拍賣太忘情，有買家出價就落槌，違反未達底價不能成交的規定，當競拍場上報價離底價仍尚有差距時，我會用暗示的說法：「再加一口價，拍品就是你的！」不僅可以激勵買家繼續競買，還可逐步接近並跨越底價。

在中國大陸的拍賣法中規定拍賣標的有保留價的，競買人的最高應價未達到保留價時，該應價不發生效力，拍賣官應停止拍賣標的的拍賣。既然拍賣公司與賣家事先議定底價，拍賣過程中未達底價不能成交，但是否有例外狀況呢？台灣的羅芙奧拍賣公司拍賣規則中對於底價的規定：「如競投價不能達到委託底價，在任何情況本公司均不負有任何責任，但本公司有權決定將拍賣品以低於委託底價拍賣。如本公司如此將拍賣品拍賣，本公司將有責任向賣家支付落槌價與委託底價之差額。」其規則內容為這種例外建立了依據。

記得有一次我主持一場拍賣會，有件梨形珠寶鑽戒的拍品，底價是三百二十萬，拍賣公司為了要觸動買氣，一開始的起拍價訂得比較低，梨形珠寶鑽戒起拍價是二百八十萬，起拍以後現場買家首先應價，接著陸續有買家加價，直到拍賣官我喊到了三百萬，再無人加價，代表三百萬已經是現場最高價了，可是底價是三百二十萬，還差二十萬，未達底價拍賣官無法落槌。就在那〇．〇一秒，我望向坐在委託席的拍賣公司老闆，當下決定在三百萬落槌。為什麼我會做這樣的決定？因為我看了拍賣老闆一眼，他微微地跟我點了一個頭。或許你會問我，落槌價距離底價還差二十萬，為什麼我要落槌？其實在拍賣現場，我腦中快速換算，拍賣公司收入來源主要是賺佣金，假設他們向買家和賣家收取佣金加起來大約是落槌價的二十五%，如果在三百萬落槌，拍賣公司佣金可以拿到七十五萬，拍賣公司可以從七十五萬中拿出二十萬貼補給賣家，抵銷跟底價之間的落差，拍賣公司還有五十五萬的佣金利潤，因此我當下毅然落槌，落槌的那一刻，我看到了拍賣公司老闆滿意的眼神。

接著來談預估價，所謂的「預估價」（Estimated Price），指每件拍品都訂有最低與最高估價，是專家估計拍品可能達成的成交價格範圍。當我們翻開一本圖錄時，可以見到拍品名稱下方通常會標示預估價，書寫方式會以預估最低價與預估最高價的區間範圍來呈現。評估的方法可分為市場法、收益法、成本法三種基本方法。第一種方法稱為「市場法」，是指利用市場上同樣或類似拍品的近期交易價格，經過比較分析，以估測拍品價值，通常是以類似物件在近期拍賣的紀錄而定；第二種方法稱為「收益法」，是指通過估測被評估拍品未來預期收益，來判斷拍品價值的各種評估方法總稱。運用收益法進行評估涉及許多經濟參數，其中最主要的參數有三個，分別是收益額、折現率和獲利期限。收益額是適用收益法評估拍品價值的基本參數之一，折現率是一種期望投資報酬率，收益期限是指拍品具有獲利能力持續的時間，通常以年為時間單位；第三種方法稱為「成本法」，成本法是指首先估測被評估拍品若按照當前市場條件，重新取得相同拍品所需支付的金額（即重置成本），然後扣除估測拍品已存在的貶損因素，而得到拍品價值的評估方法。估價不但是準買家對拍賣品價值的重要初步參考，而且通常也是底價的訂定依據。蘇富比、佳士得兩大國際拍賣行即在其拍賣規則中明訂，他們底價不會超過最低預估價，代表競買人應價只要超過最低預估價，在沒有其他人舉牌加價情況之下，拍賣官會落槌給他，即便價格偏低，拍賣公司還是會賠本賣，這也是拍賣公司實力所支撐出來的承諾，影響所及，目前行業內多家拍賣公司已紛紛採用此策略。

拍賣會開始了！拍賣官向買家們宣布「起拍價」（Starting Price），起拍價是指拍賣官報出的第一口價。現行的制度，拍賣圖錄上登載的預估價下限，往往就是起拍價。拍賣公司設定的起拍價，第一位競買人是應價，而不是在起拍價上加價，第二位競買人才需要在起拍價之上加價。起拍價大都由拍賣公司先訂金額，但拍賣官擁有在現場決定起拍價的裁決權，如果現場是座無虛席買氣熱絡的話，起拍價可以是底價，也就是預估價的下限，假如現場缺乏熱烈氣氛的時候，拍賣官就要給競買人一個驚喜、一些刺激，通常會下修起拍價，將起拍價設定低於預估價的下限。我有一次在香港主持拍賣的時候，臨上場前拍賣公司特別建議我起拍價都往下修，作為激勵買家的手段。

拍賣官響亮的落槌聲代表競價結束！「落槌價」（Hammer Price）指拍賣官就某一拍賣品而接受之最高出價。在場上的競買人出現最高應價時，經拍賣官判斷再無人提出更高應價，拍賣官會以落槌（Knocked Down）或其他公開表示買定的方式確認後，成交拍品結束競投，落槌時拍賣官所複誦買受人最高應價的金額，即為落槌價。落槌價是買受人和賣家共同認可的交易價格，拍賣交易中，價格由單個或少數買方共同決定，如果價格超過了賣家所設定的底價，拍賣官可以隨時落槌，但拍賣官一般會遵守「價高者得原則」，確認競買人已無更高應價才會落槌。落槌價格的形成涉及競買人的數量、價值判斷、出價策略共同博弈的過程，以及賣家對拍品的價值判斷。有些拍賣公司在其拍賣規則中載明，成功競投的要件是在拍賣官之決定權下，落槌即顯示對最高競投價之接受，亦即為賣家與買家合意依落槌價拍定拍賣品，視為成功拍賣合約之訂立。

我們常見的拍賣公開資訊大多以成交價來表述拍品的市場價格，「成交價」（Transaction Price）是拍賣公司將落槌價加上向買賣方收取的佣金服務費。當前拍賣史上最貴的畫作是文藝復興藝術巨匠達文西（Leonardo da Vinci）作品《救世主》（Salvator Mundi），創作距今已有五○○多年歷史。二○一七年十一月十五日在紐約佳士得戰後與現代藝術專拍，由佳士得全球總裁彭肯南（Jussi Pylkkanen）擔任拍賣官，《救世主》以相當保守且誘人的價錢七千萬美元起拍。至一・九億美元以前，由四位電話競投與一位現場人士爭奪競價，來到二億美元關口後，競價情況一度膠著，就只剩下兩人出手，但遲遲無法突破三億美元的大關。最後，一位匿名電話競價者喊出了四億美元的歷史高價，拍賣官確認再無更高應價後，宣布落槌價為四億美元，拍賣場頓時爆發出歡呼聲與掌聲。加計佣金與手續費後，成交價達到令人難以置信的四・五億美元（約一百三十五億新台幣），打破歷年來公開拍賣及私人出售藝術品的最高成交價紀錄，榮登拍賣史上最貴藝術品的寶座。

在讀者們都了解拍品的價格定義與作用之後，我們來談點跟價格有關的實際運用層面專業知識。在參與拍賣會競價之前，首先得掌握拍賣公司的每口叫價（Bid Increment），通常我們稱為「競價階梯」，什麼是競價階梯呢？是指拍賣官就每次喊價所提高的競投金額。一般而言，遞增競價拍賣官會要求比前口叫價提高約十%的競投金額。例如蘇富比拍賣行，若競投以五千美元起價，後續的競投金額依序應為五千五百、六千、六千五百美元，依此類推；中國大陸最常使用的競價階梯主要有兩種，第一種是「二五〇式競價階梯」，第二種是「二五八式競價階梯」，這兩種報價形式是有其規律的，在遞增的報價過程，價格越高，增價幅度越大。例如，逢五以上增幅是一樣的，都是增加五，即五〇—五五—六〇—六五—七〇—七五—八〇—八五—九〇—九五—一〇〇，變化主要在五以下，「二五〇式競價階梯」為二—四—六—八—一〇，「二五八式競價階梯」為二—五—八；在台灣現行的競價階梯更為複雜，且每家拍賣公司所制定的增幅級距都不同，對獨立拍賣官要受聘至各拍賣公司主槌，必須熟記各家拍賣公司的競價階梯，是極大的挑戰。例如我經常受邀主持的帝圖藝術拍賣，其競價階梯為十萬元以下以五千元為競價階梯，十萬以上到二十萬元以一萬元為競價階梯，二十萬以上到五十萬以二—五—八為競價階梯，五十萬以上到一百萬以五萬元為競價階梯，依此類推。在增幅拍賣中，拍賣官報出起拍價之後，就會按競價階梯作為加價幅度的依據，直到剩下最高應價的競買人，拍品價格開低走高，且無上限。

當我們翻開拍賣圖錄，可以看到每件拍品預估價數字之外，有的拍品預估價欄位沒有標明金額，卻寫著「無底價」三個字，這代表什麼意思呢？顧名思義就是沒有設定底價的拍賣，只要出現競買最高價，即可成交。有一種效應稱為「彈簧現象」，指的是拍賣會中起拍價的制定策略，起拍價訂的越低，有可能最後落槌的價錢會越高。舉例來說，如果拍品的市場價值大約十萬元，那麼拍賣官從十萬元開始起拍，與從〇元開始起拍，就理性的推估，無論起拍價是多少，拍品價值結果應該都是一樣可以拍到十萬；但是，從具體拍賣操作的經驗來看，價值十萬元的拍品如果是〇元開始起拍，最後落槌結果往往會超過十萬元，這種超越理性的競價心態造就了「彈簧現象」。所以拍賣會若要效益達到最高，通常最佳策略是起拍價訂得比市場價格低，如果賣家能接受，以無底價起拍，一來可以吸引買主，二來也有便於拍賣官臨場發揮主持技巧而能衝出高價落槌。

二〇二四年六月份在高雄市立美術館開展的《瞬間—穿越繪畫與攝影之旅》，是由英國泰德現代美術館與台灣的國巨基金會合作，其中令人矚目的作品之一是大衛・霍克尼（David Hockney）於一九七二年創作的《藝術家肖像（泳池與兩個人像）》，我還一連去朝聖欣賞了兩次。這幅作品出現於二〇一八年紐約佳士得秋拍，佳士得一反無底價只適用於非常低價拍品的行業慣例，《藝術家肖像（泳池與兩個人像）》雖然估價達八千萬美元之高，佳士得竟然非常罕見地以「無底價拍賣」的行銷宣傳策略上拍，成功吸引眾多買家的興趣。拍賣會上拍賣官宣布無底價以一千八百萬美金起拍，不可思議的低價起拍驚呆眾人，最終以九千〇三十萬美金（約二十七・四億台幣）成交，創下當時在世藝術家最高價拍賣紀錄，獲勝的買家即是台灣的國巨基金會董事長陳泰銘先生。

買家的眼睛是雪亮的，知道哪些是好的拍品，拍賣公司掌握買家想用最低的價錢，或甚至想要撿漏的心態，用低價吸引買家關注走進拍場，拍品優質且大家都是識貨的人，很容易就把價位衝起來了。我曾經在二〇一七年四月十六日主持帝圖藝術春季拍賣會「無錫程氏藏書畫專場」四十三件拍品均以無底價起拍，雖然稱為無底價起拍，但依慣例拍賣官還是會報一個起拍價，起拍價是五千元台幣起拍。就拿其中一件拍品——清朝三代帝師祁寯藻的書法對聯為例，當我宣布無底價以五千元起拍之後，買家爭相競價毫不猶豫，尤其價位來到五．五萬之後，竟然下一位買家跳價到二十萬，隨後其他競買人熱烈出價及至一百二十萬落槌，經歷了三十六次增幅價，等同拍賣官對一件拍品報了三十六次價，且當時這專場幾乎一半以上拍品競價過程均呈現類似踴躍狀況，可見無底價策略運用的威力。

拍賣是一個集體決定價格及其分配的過程，經濟學對拍賣的研究始於二十世紀六〇年代初，在七〇年代後期獲得了迅速發展，美國經濟學家麥卡菲（McAfee）認為：「拍賣是一種市場狀態，此狀態在市場參與者競價基礎上，具有決定資源配置和資源價格的明確規則。」經濟學歸納拍賣發揮的四大經濟功能，藉由拍賣，對於那些價格難以確定的物品，可達到發現價格的功能；通過「價高者得」的方式，拍賣市場具有對社會資源進行合理配置的功能；拍賣市場是物品流通的重要管道，尤其是對難以估價的特殊物件，具有促進資源流通的功能；拍賣會的執行是先公開訊息，使眾多買家於同一時間以現場或委託方式進行競價，避免單一物件逐一尋找買家耗費的時間與資源，以達到提高交易效率的功能。就一件拍賣品的價格發現過程，大致來說，底價是賣家決定的、預估價是拍賣公司決定的、起拍價是拍賣官決定的，最後的落槌價跟成交價則是由市場來決定。

拍賣場人生小領悟

價格是一組數字，價值是一種感受。價格背後永遠存在著代價，價值背後代表的是心理財富。

13 拍賣經濟學之如何競買拍品

拍賣（Auction）是一種有趣的交易形式，翻開《辭海》對於拍賣的定義，拍賣也稱競買，是商業中的一種買賣方式，賣方把商品賣給出價最高的人，「價高者得」絕對是拍賣會競價的核心規則。但是，你知道拍賣會競價的遊戲規則是什麼嗎？在實際商業的拍賣會上，是否因為某些種類的拍品，而有不同的拍賣方式呢？當你中意某件拍品時，如何來競價才能拍到心儀的拍品呢？然而，在一場拍賣會中所謂的「出價最高的人」，究竟是如何產生的呢？

自從拍賣交易模式誕生以來，拍賣競價方式就一直處在發展中，美國哥倫比亞大學教授威廉・維克里（William Vickrey）於一九六一年發表的〈反投機、拍賣與競爭性密封投標〉一文，堪稱拍賣理論的開山之作。文中維克里首次運用博弈論處理拍賣問題，他極富前瞻性地提出拍賣理論中的多數關鍵問題，從而引導了該理論的基本研究方法。這些開創性貢獻成為他獲得一九九六年諾貝爾經濟學獎的重要因素，維克里在這篇文章中，根據交易規則把國際上通行的拍賣方式分為四個類型：「英格蘭式拍賣」、「荷蘭式拍賣」、「第一價格密封拍賣」和「第二價格密封拍賣」，四種類型的拍賣各有其特殊的決策規則，開創了從博弈論的角度研究拍賣行為的先河。二〇二〇年諾貝爾經濟學獎得主美國史丹佛大學經濟學家威爾森（Robert B. Wilson）與米格羅姆（Paul Milgrom），則進一步發明一種全新的拍賣方式，稱之為「同步多輪拍賣制度」，以上這五種獲得諾貝爾經濟學獎肯定的拍賣模式，為拍賣會裡的競價行為，建構有效的運行機制。

競價模式一：英格蘭式拍賣，拍賣官報價由低往高

羅馬時期為近現代拍賣奠定了基礎，構造輪廓、開創組織、確立模式、創制法規、積累經驗，是商業拍賣的源泉和鼻祖。就連英文「Auction」（拍賣）一詞，也直接來源於拉丁詞語，其意思均為「增加」，因此推測羅馬拍賣是「增價拍賣」方式的起始和雛形。「增價拍賣」或「升價拍賣」，我們稱之為「英格蘭式拍賣法」（English auctions），是最常見的拍賣方式，競買者出價由低價往上疊加，一種價格上行的報價方式，拍賣中，競買者可多次重覆不斷地提高自己的出價，直到場上出現最高出價者，那麼出價最高的競買人將支付他舉牌所出的價格，並得到拍品。

英格蘭式的拍賣中，增價幅度一般均會按拍賣公司在拍賣前公布的拍品競價增漲金額幅度進行，即所謂的「競價階梯」。拍賣官在報出起拍價之後，就會按競價階梯作為加價幅度的依據，直到剩下最高應價的買主，拍品價格開低走高，且無上限。例如一幅油畫起拍價一百萬，增價幅度以十萬元為競價階梯，現場有三位競買人，第一位買家應價後，第二位買家加價至一百一十

萬，第三位買家又加價至一百二十萬，接著第一、二位競買人又陸續加價一百三十萬、一百四十萬，第三位買家勢在必得又舉牌加價到一百五十萬，最終拍賣官以一百五十萬落槌，由第三位買家得標。得標的買家需支付一百五十萬落槌價再加上服務費，即稱為成交價。

使用英格蘭式拍賣法有利於拍賣官活躍場上的競價氣氛，對於文物和藝術品、珍稀物品及財產權利來講，使用英格蘭式拍賣能夠使具有極高收藏價值、觀賞價值、研究價值的拍品，進一步得到增值，英格蘭式拍賣適用性強，是最常見的拍賣方式。

競價模式二：荷蘭式拍賣法，拍賣官報價由高往低

荷蘭式拍賣（Dutch auctions），創始於荷蘭的鬱金香拍賣場而得名，又稱「降價拍賣」，是一種價格下行的拍賣方式。荷蘭式拍賣模式最大的優點在於成交過程迅速，特別是易腐爛變質或難於久存且有一定數量的商品，如花卉、果蔬、鮮魚等最為適用。拍賣時，由拍賣官先報出拍品的最高價，然後逐步降低，直降到有一位競買人最先應價，即落槌成交，並以當前的應價金額拍得物品。

荷蘭式拍賣除了上述人工拍賣方式之外，另發展電子鐘拍賣模式，所謂電子鐘拍賣是指由電腦自動控制的報價系統（亦稱拍賣鐘）來替代拍賣官的報價。拍賣時，拍賣鐘顯示出拍品的最高價格，讓競買人按鈕應價，凡無人應價時，則拍賣鐘指針逆時旋轉，表示遞減降價，直到有人按

動電鈕使其停轉表示購買為止。凡遇兩個以上買家應價時，則拍賣鐘指針順時旋轉，表示遞增加價，直到剩下最後一人按鈕使其停止，代表成交。

競價模式三：第一價格密封拍賣法，得標者支付最高價

密封競價拍賣，又稱投標式拍賣，是指買家在規定時間內，填寫報價單密封後投入標箱由拍賣單位統一開標，按照「價高者得」的規則，來決定得標者的一種拍賣方式。若出現同等報價時則以投標在先（或者編號在前）者得標的原則，以決定最後得標者。根據拍賣規則的不同，密封式拍賣可以分為「第一價格密封拍賣」和「第二價格密封拍賣」。

「第一價格密封拍賣」（First-price sealed-bid auctions）是買家填寫投標金額後密封，投標者只能出價一次，開標結果由填寫最高價者得標，並依所填價格付款。第一價格密封拍賣打破了地點、空間的限制，節約人力、物力、財力，較適於數量較大的同一種標的拍賣，也適合數量少、影響大且價值高的標的，例如土地、公共工程的競標上。

競價模式四：第二價格密封拍賣法，得標者支付次高價

由出價最高者得標，但得標者僅需支付次高價的拍賣法稱為「第二價格密封拍賣」（Second-price sealed-bid auctions），此種拍賣方法在拍賣進行時通常不會透露最高價競標者所填寫的價

錢，以避免有心人士惡意縮小最高價與次高價的差距，不過競標價者想出價幾次都行。第二價格密封拍賣又稱為「維克里拍賣」，是一九九六年諾貝爾經濟學獎獲得者威廉·維克里（William Vickrey）所提出，其經濟學邏輯是基本假設參與買家會將自己對標的物的真實評價反映在其出價中，而不會故意亂出價。

「第二價格密封拍賣」的操作方式是買家們向拍賣公司遞交密封的出價單，拍賣公司按各個標價的高低排序，最後在規定的時間、地點宣布標價，由出價最高的買家勝出贏得標的，但僅需支付次高價格。舉例來說，有三位買家參加拍賣，各自將報價密封後交給拍賣公司。A、B和C對拍賣物品的出價分別為九十萬元、八十萬元和七十萬元，由於A出價最高所以贏得了拍賣，但他只需支付八十萬元，而不是自己出價的九十萬元。這種拍賣方式的最大優勢是鼓勵買家如實報價。不過這種拍賣制度存在著缺陷，風險在於可能有買家故意開出巨額的價錢，使其他競爭者無法得標，所以實務上此種拍賣方法不常採用。

競價模式五：同步多輪拍賣制度，打破「贏家詛咒」

當今各國政府對於通訊頻譜的標售成為各方矚目的焦點，在電信頻譜執照標售的過程中，由於各家電信廠商認為贏者通吃，在競標過程中出價的價格往往高於頻譜的隱含價值，最後得標者雖然贏得標案，卻形成「贏家的詛咒」（Winner's curse）。得標廠商不堪虧損，可能將高額競標成本轉嫁予消費者，讓通訊成本大幅上揚。二〇二〇年諾貝爾經濟學獎得主威爾森和米格羅姆發明一種全新的拍賣方式，稱之為「同步多輪拍賣制度」（SMRA, Simultaneous multi-round auctions），拍賣模式是以低價起拍，並同時拍賣多張執照，直到各張執照沒有出現更高價時，才同時結束多張執照的拍賣。由於在拍賣過程中，廠商可以自由轉換目標選擇對那一張執照增價，因此不會產生高額得標，贏家反而吃虧的情形。

以往藝術品拍賣會，均是採用升價拍賣，也就是英格蘭式拍賣，從未有機會嘗試荷蘭式價降拍賣。在本人主持拍賣會的經驗中，就曾經在一場拍賣會上，交互運用英格蘭式拍賣法與荷蘭式拍賣法，靈活調度完成使命。猶記得是一場同一收藏家專題，藏家是一位剛過世的老先生，他的子女平時都住在美國，特別返台想把父親的收藏全部拍賣。那場收藏家專題有將近四十件的拍品，由於收藏品並非市場所追逐的知名藝術家，買家興趣缺缺，突然間，拍賣公司老闆透過工作人員遞了一張字條給我，上面寫了幾個字：「無論如何，全部拍出，一件不留。」哇……接到這張字條，我迅速思考，如果競價是採英格蘭式遞增拍賣，在買家們不是很認同、很喜歡拍品的情況下，這場專題的拍品大多會流拍，那麼到底要用什麼辦法才能夠一件不留呢？靈機一動就想到了英格蘭式增價拍賣與荷蘭式價降拍賣交互運用的方法。隨後向現場的買家們宣布這場專題的競價規則後，拍賣先採英格蘭式增價拍賣，若無人應價，則轉改為荷蘭式價降拍賣。

譬如某件拍品起拍價是二萬元，若有買家應價二萬元，那就進行英格蘭式增價拍賣，拍賣官繼續預告下一口價是二萬五，一直到場上出現最高價落槌；若拍賣官報出起拍價二萬，現場卻無任何買家應價二萬元，那就改採行荷蘭式降價拍賣，拍賣官預告下一口價是一萬八、一萬六、一萬四……，直到有買家應價為止。在機敏運用拍賣競價模式的策略下，該專題拍品果真全部順利拍出去，完成「一件不留」的超級任務，這是拍賣官的挑戰，也是善用競價規則的智慧。

如果想了解拍賣會中所謂的「出價最高的人」，究竟是如何產生的呢？讓我來剖析競買人的出價策略。競買人參與競價不僅希望獲得拍品，同時他還希望獲得消費者剩餘（Consumer Surplus），這裡所指的消費者剩餘，是買家願意支付的心理價位減去買家實際支付的金額，消費者剩餘衡量了買家自我感覺所獲得的額外利益，讓買家從拍賣活動中獲得收益。因此，競買人的出價一般都會低於其心理價位。當競買人的出價等於其心理價位時，消費者剩餘為零，這時他會停止出價。

假如不考慮佣金等費用，競買人甲對拍品A心理價位為十萬元，當叫價等於或低於十萬元之時，他會參與競價，如果成交價為九萬元，甲可以獲得一萬元的消費者剩餘。由於不同競買人對拍品具有不同價值的主觀判斷，因此，不同的競買人的心理價位也有所不同。假如不考慮佣金等費用，競買人甲對拍品B的心理價位為十萬元，競買人乙的心理價位為十二萬元，競買人丙的心理價位為二十萬元。當競價來到十萬元，甲會退出競價，乙和丙繼續競價，當競價為十二萬元時，乙會退出競價，如果落槌價為十三萬元，丙購得B拍品，同時他也獲得七萬元的消費者剩餘。

從拍賣經濟學的觀點來說，競買人的競價策略是為獲取消費者剩餘，競買人希望交易價格盡可能低於其心理價位，而拍賣官的工作則是盡可能讓競買人付出更高的價格成交，雙方的博弈過程最終形成了拍賣落槌價格。根據我多年來的拍場經驗，歸納出買家經常運用的成功競買要訣，我將分成「如何防止競價中的失誤」以及「如何運用競價技巧」兩方面給競買人提出建議。首先，在如何防止競價中的失誤方面，競買人在拍賣會現場儘量選擇顯眼的座位，讓拍賣官容易看到你，競價舉牌時需高舉號碼牌，手勢並稍作停留，不要急於放下號碼牌，讓拍賣官能注意到你正在出價，也要善用形體與語言，表達應價或讓拍賣官允許你保留思考加價的時間，另外也要多熟悉拍賣官的主持習慣，跟上拍賣官的報價節奏，才不會漏失競價；其次，如何運用競價技巧方面，競買人要先確立自己的心理價位，對於應價時機，依據策略不同，每位買家都應有自己的盤算，若買家預算不多的，可以搶占起拍價首先應價，也有的買家喜歡搶占整數價格，預算充裕的買家可以選擇用大幅跳價的高價止價法來壓制其他競買人的氣勢，或是採取以逸待勞，等其他競買人都出完價，後繼乏力時，你再後發先至出價，制霸其他競爭者，當然也有的競買人會跟拍賣官針對加價幅度討價還價，以最少的加價取得最後的勝利。競價技巧千百種，運用之妙，存乎一心！

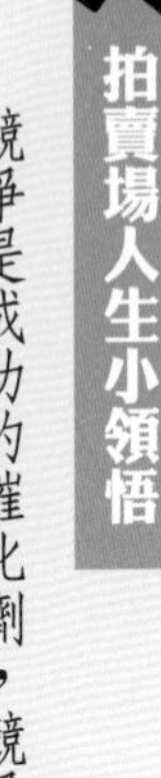

拍賣場人生小領悟

競爭是成功的催化劑，競爭激發內心的鬥志，競爭使自己不斷強大！

14 拍賣心理學

心理學是研究心理現象和心理規律的一門科學，每個人都想有操縱他人的力量，要獲得這種力量，首先要深入了解更多心理現象。社會心理學、動機心理學、商業心理學、消費者心理學、認知心理學等諸多的理論都成為拍賣心理學的建構基礎。尤其是行為與動機更是拍賣場上各方雷電瞬間交鋒的心理觀察重點，如何知道拍賣公司老闆的心態？影響買家決策的心理過程是什麼？理性思考下的拍賣價格如何形成？感性促動下的拍賣價格如何形成？拍賣官如何展現心理操縱術呢？

拍賣會就是一場拍賣官與競買人之間的心理戰。有一次，我主持拍賣一件傅抱石的書畫作品，當時有三位主要的競買人，其中有一位競買人出價比較迅速，他認為應該可以拍到這件拍品，所以他就站在現場最後方，用手勢向我暗示趕快落槌，這個時候拍賣官真的要挺得住、忍得住，冷靜下來，因為同時還有兩個人在競價，拍賣官真的不能放棄嘗試推高價錢，於是我改變策略暫停報價，開始介紹拍品，遠望那位認為我應該落槌給他的競買人，看見他表情非常地生氣，臉都漲紅了。

或許您會認為我應該要趕快落槌給他，可是這時候我卻轉而介紹拍品，目的就是要讓另外兩位出價速度較慢的競買人能夠再想一想，是不是還要再出更高的價錢。策略果真奏效，另外兩位競買人過了一點點時間之後，就又開始出價，最後我落槌給另外一位出最高價的買家，而那一位一直暗示我要落槌給他的競買人，面露不悅地離開了會場，或許是去找拍賣公司的老闆申訴，但是我想拍賣公司老闆心裡應該還是開心的，因為拍賣官無畏無懼地盡力拍出了更高的價錢。

這個故事重點在於拍賣官要去了解競買人的心理，並做出正確的判斷，對於心理學的知識要靈活運用去做分析、去做研究，還要去揣摩如何能夠讓整場拍賣會順利進行，而且拍出更高的價錢。要達到如此的狀態，拍賣官當然對於「知識結構」中的心理學一定要有所了解，幸運的是我在念大學的時候，心理學就是我的必修課，如今將早年的學習運用到現在的拍賣會上，真是受益無窮。

身為一位拍賣官，第一要務當然是要了解拍賣公司的動機與心態，拍賣公司老闆對拍賣官有何期待？首先，拍賣公司最重要的是透過拍賣會獲得利益，其收益來源是根植於拍品落槌價所計算的佣金服務費，因此在拍賣會中不僅要將作品拍出，更要拍得高價，就是拍賣公司對於拍賣官最主要的付託。在實際的經驗中，拍賣官還要了解拍賣公司對於拍賣時間的要求，這涉及場地使用時間、各類專場換場時間以及重要藏家參與拍賣的時間。大多數的拍賣公司舉辦拍賣會的場地採用租賃方式，若拍賣官時間掌握不好，場地使用超時將增加租金開銷，時間拖延也容易影響後面其他專場的進行，各種不同專場的買家結構大都不同，下一場的買家都來了卻還需等待，容易影響買家情緒，所以在拍賣會前，拍賣公司都會跟拍賣官說明時間的調配要求。總歸來說，拍賣公司的心態就是「和氣」、「生財」。

美國心理學家伍德沃斯（Woodworth）首次應用動機一詞於心理學界，動機（motive）指發動、持續、導向動物行為的動力，並指向一個特定目標，伍德沃斯認為動機是決定個體行為的內在動力。最早對動機與驅力加以區別研究者之一的美國心理學家高爾頓・威拉德・奧爾波特（Gordon Willard Allport），則從每個人不同的特質出發，初始的行為動機往往成為日後的驅力。拍賣官看盡了拍賣場上的人生百態，在那麼一瞬間，要採取什麼樣的策略讓競買人再加一口價？這涉及探索買家的驅動價值過程。

如果買家重視金錢收益，那麼就必須以買了這件拍品你可以獲得多少收益、同類拍品目前在市場上的價位，或者這一類拍品在市場表現呈上升態勢等實際金額數字來打動；對於企圖心比較強烈的買家，所中意的拍品一定是能展現對群體的影響力，而這類的買家往往展現勢在必得的競價態勢；如果對於形象比較在意的買家，拍品創作藝術家的地位、簽名、鈐印等，就會顯得十分重視；有的買家屬於炫耀型，他的驅動價值是來自於這件拍品在其領域享有什麼樣的名譽與地位；還有一種買家是完美主義者，對於拍品的審美以及創作細節相當考究；另外一類買家比較注重經驗與經歷，例如拍品有沒有著錄？展覽履歷是什麼？有沒有流傳有序？還有一種是知識型的買家，他對於作品的典故、歷史定位或者技法的創新尤為注重；有一種買家他只挑好的拍品，看重的是拍品的獨特性，譬如像某位大師的精品或是很少在市場上流通的生貨；對於社會地位人際關係比較在意的收藏家，就會注重拍品前幾手的收藏家收藏地位與資歷；最後還有一類是屬於比較控制型的買家，對於拍賣官能否公平的給予競價的機會，拍賣當下的情緒，影響其持續加價的行為。

二〇一八年帝圖藝術秋拍，我曾拍賣一件乾隆御筆書法《介壽》，乾隆這樣一位自古罕有的皇帝書家各體兼能，其作品自然有著與一般名家書法所不同的獨特價值。此件御書鈐有「養性殿寶」璽印，在故宮出版的《「養性殿寶」清代帝后璽印譜—乾隆卷（卷二）》書中可比對出此印，錦眉鑲邊均是宮廷裝潢的形式，裝裱極盡華麗之能事，如此巨幅且保存完好尚不多見。這件拍品《介壽》從二百萬元台幣起拍，一直到一千四百萬元之前，有兩位電話委託、一位現場買家，三位競價但價位緩慢推進，來到一千四百萬元的下一口價，拍賣官報價是一千五百萬元，但是電話委託的買家直接跳價口頭報價二千萬元，引起現場一陣騷動，下一口來到二千二百萬元，電話線上的買家又直接跳價口頭報價三千萬元，引發現場一陣驚呼聲，連續兩次買家跨越競價階梯，直接大幅跳價，可見買家對於這件拍品勢在必得的決心，最終這件拍品以三千四百萬元台幣落槌，由電話線上的買家競得。這件拍品滿足了不同個性競買人的心理特徵，驅動各自重視的價值，包括不同的需要、動機、興趣、習慣、態度、信念、理想、社會觀等，是拍賣場上的經典案例。

競買者在拍賣場上大幅加價最終贏得拍品，他是一位勝利者，但勝利背後代表的是甜蜜成果？或是苦澀的果實？在與拍賣有關的現象中，「贏家的詛咒」受到最多研究。經查閱文獻，最早對「贏家的詛咒」概念進行討論的是由 Atlantic Rrich-field 公司的三位工程師卡彭（Capen）、克拉普（Clapp）和坎貝爾（Campbell）發起的。贏家的詛咒指拍賣得標者很多時候為他得標的物品付出了比真實價值更多的錢，贏家的詛咒有兩大成因，一個與認知有關，一個與情緒有關。參加拍賣的人會使出渾身解數試著評估物件的價值形成心理價位，然後比評估結果略低的價格開始競買，競買越激烈，價格就會越接近心理價位，因為拍賣中有越多競買者，無法預知誰出高價。就認知層面來解釋贏家的詛咒，換句話說，參與拍賣的人並未考量到一旦他們得標就相當於他們的競標價格高於其他人，也就是他們很可能高估了拍賣物件的價值。不過很多時候贏家的詛咒是一種情緒因素，競拍者經常發現他們受到拍賣狂熱氣氛影響而出高價，那是一股不計代價就是要贏、無法控制的慾望。

這是一場情緒賽局，雖然「贏家的詛咒」聽起來讓買家感受極為驚悚，但拍品值不值這個價，還是得從影響消費者決策的社會心理學理論去探究。在整個競價過程中，觀察、思索、下定決心加價，以及整個過程的各種感受都是心理現象。買家的心理過程從研究了解拍品的認識過程，到拍品能否滿足買家主觀需要的感情過程，再到支配和調節自己的行動，並克服困難的意志過程之後，才會產生在拍賣會上的競價行為。這三階段的過程包含了理性與感性的思考，形成競拍策略，最終產生拍賣價格。那麼買家在理性思考下，拍賣價格是如何形成的呢？

理性思考下的拍賣價格形成可包括：藝術家故事、藝術品風格與主題、價格決定的積極與消極條件、藝術品履歷與市場風向球。第一，要提到藝術家故事涉及其師承體系、名人品牌性、藝術家在藝術史地位、故事性等，知名的荷蘭後印象派畫家梵谷，他是表現主義的先驅，對二十世紀藝術，特別是野獸派與德國表現主義產生了深刻的影響。他一生傳奇故事性高，成為電影導演爭相引用的題材，以梵谷為主角的電影從一九五六年的《渴望生活》、一九八七年的《梵谷的生與死》、一九九〇年的《文森特與提奧》、一九九一年的《梵谷》、二〇〇四年的《梵谷全傳》、二〇一七年的《梵谷：星夜之謎》、二〇一八年的《梵谷：畫筆下的烏雲與麥田》、二〇一九年的《梵谷：在永恆之門》總共八部，彰顯他在藝術界不可忽視的地位。

買家在理性思考下，拍賣價格形成的第二要素是拍品的藝術品風格與主題，這包含拍品的創新性、作品流派、拍品在藝術史定位、時代意義以及辨識度。例如張大千以潑墨潑彩技法獨步畫壇，山水畫潑寫兼施，堪為國畫革新大師，他在一九六七到一九六九年間潑彩作品的發展是最成熟的階段，以現在拍賣市場價格破億的十五件張大千創作拍品，就有九件是潑彩的作品。以全球拍賣市場成交金額的畫家排名來看，張大千在二〇一一年開始首次登上全球榜首之後，就連年保持在排行榜的前端，直到二〇一六年又再次超越畢卡索，而登上全球五百強藝術家排名第一的位置。張大千作品之所以受到拍賣界眾買家追捧，其中原因之一也是其作品的創新性、深具辨識度與時代意義，在藝術史的地位隆崇所致。

買家在理性思考下，拍賣價格形成的第三要素是藝術品履歷，這包含拍品的過去拍賣價格、賣家的背景、展出履歷、出版著述、遞藏流傳有序，或是被竊、失蹤、戰爭、侵占等特殊遭遇。在二〇二〇年六月二十八日帝圖藝術春季拍賣會時，我第一次主槌清代皇室珍藏列名於《石渠寶笈》中的作品，那是一件明代金幼孜書寫的《惠藥帖》信札。當天以三百萬元台幣起拍，最終落槌價為二千四百萬元台幣。該拍品受到競買人關注的重要原因之一是其著錄，《石渠寶笈》全稱為《祕殿珠林石渠寶笈》，是距今最近的官藏大型著錄文獻，而《石渠寶笈》則著錄一般書畫，按照「千字文」字頭編號來編寫，成書於清乾隆、嘉慶年間，歷時七十餘年，收錄作品七七五七件，成為中國書畫收藏史上的集大成之作。目前列載於《石渠寶笈》的作品大都由博物館典藏，只有少數在市場流通；原因之二是《惠藥帖》遞藏流傳有序，作品右下角鈐印「儀周鑑賞」，右下鈐印「顧崧」、「維嶽」，證明此作是經明末清初吳中大族顧崧，以及清代大收藏家安岐鑑藏，大約在安岐之後，《惠藥帖》進入乾清宮，成為清高宗乾隆的收藏，並著錄於《石渠寶笈》之中。

以動機為研究核心的心理學中，認為人們做任何事通常是源於一定的動機，動機是推動人從事某種活動，以滿足個體某種需要的內部動力。動機是個體的內在心理過程，行為則是這種內在過程的外在表現。動機的生成可以分為外來的強制力所賦予的外在動機，還有因為自身的興趣、好奇心、關心而湧現的內在動機，若從動機心理學的角度來看買家在感性思考下，拍賣價格是如何形成的呢？

感性促動下的拍賣價格形成可包括：拍品的特殊紀念性、涉及家族或國族情操、對應買家情境寫照、撿漏心態、無底價的激勵、買家競爭心態，以及拍賣官現場引價技巧牽動等因素所致。二〇二〇年六月二十八日一場春季拍賣會，我拍了一件小品，胡適書寫的《月夜詩》，胡適因提倡文學改良而成為新文化運動的領袖之一，是第一位提倡白話文、新詩的學者，對中國近代史產生深遠的影響，他的書蹟已是全世界所看重。《月夜詩》節錄胡適在一九三二年所寫的詩歌《祕魔崖月夜》最後一段，「山風吹亂了窗紙上的松痕，吹不散我心頭的人影」，那一年四月，胡適因病到杭州煙霞洞休養，他的堂妹曹誠英追隨相伴。在這裡，他們的感情迅速升溫，交織出他們一生中最為纏綿熱烈的一段戀情。《月夜詩》是胡適節錄自作詩寫給友人，其中「這心頭的人影」是一代知青到了台灣後，還不時憶起夢中的情人。拍品以六十萬元台幣起拍，以二百四十萬元台幣落槌，雖不是特別高價的作品，但「吹不散我心頭的人影」彷彿吹進了買家的心坎裡，讀來不免喚起深埋記憶中的青春愛戀。

除了本能與生存，人還具有社會屬性，而成就動機就是一種主要的社會性動機。成就感是指人們獲得期盼已久的東西的那種滿足感，感覺自己的價值獲得最大化的實現。拍賣官的最大成就感之一，就是能熟稔各方心理，讀懂人心的密碼，透過觀察眾買家們表情特徵，對其心理狀態、行為動機作出合理的推測與判斷，從而了解其內在品格心性狀況，巧妙運用調度，鼓動競買。這是認知心理學的範疇，認識他人，對他人外在特徵的觀察，揭開其內在世界的面紗，究竟拍賣官如何運用心理操縱術呢？

我曾經在二〇二三年訪問台灣另一位優秀的拍賣官戴忠仁先生，聊到他如何明心透性，掌握現場競買人的心理，他提到二〇一七年主持台北的一場拍賣會，其中一件拍品是一尊少見的二十七公分高，大理國的木雕佛像，年代非常的好，那是拍賣官戴忠仁第一次看到這麼美的佛像，大家知道金庸寫過《天龍八部》，《天龍八部》裡面寫的就是大理國的故事，但是很少看到大理國的木雕佛像在拍賣場出現。就因為拍品好，競買人之間在拍賣會前就諜對諜搞小動作，拍賣會當天戴忠仁巧妙地運用他們的競爭心理，將拍賣節奏速度忽快、忽慢的，挑動買家神經。針對競買人，拍賣官若能掌握明確資訊，運用激將法是不錯的主持技巧。當競價節奏停滯時，戴忠仁會停下來，眼神專注看著某位競買人，對著他說：「你確定要放手嗎？你的收藏領域裡面應該就差這一件了，放棄的話什麼時候會再出現此類拍品，你什麼時候能夠補齊你那個收藏空缺？」有時買家也需要被誘導，有時候也需要給予適度的壓力，戴忠仁會刻意的不看買方，而面對所有拍賣場內的人說：「我拍過有史以來像這樣的拍品，這件價位應該是全世界最低價了，我要恭喜這位買家，我準備要落槌！」此時，競買人會有機不可失的急迫感，隨後買家們又開始競相舉起號碼牌，掀起又一波的競價高潮。

拍賣會是人性的試煉場，拍賣官居然還要學心理學嗎？心理學告訴我們，身體語言是世界上的共同語言，是個人情感的外在形式表現。拍賣官通過眼神、表情、手勢等諸多無聲的體態語言，拍賣官的讀心術就是要讀懂買家的心，但請別忘記給予現場的所有參與者示以微笑，一抹微笑就是一道陽光，當買家走出拍賣場時，仍會記得拍賣官的微笑。

拍賣場人生小領悟

打開感應的天線，同理心才是開啓人際之間的鑰匙。

第三篇

拍賣官的人生故事由此開始

15 慈善拍賣落槌遇見愛

提到拍賣會，大家想到的是商業買賣交易的一種模式，本篇我想換個方向，來談談不一樣的拍賣會——「慈善拍賣會」。隨著社會上公益概念的深植人心，加上企業對社會責任的實踐，「慈善拍賣會」成為近年拍賣會發展蓬勃的另外一種領域，為了讓讀者多了解慈善拍賣會的運作形式，內文中我將特別提到兩位女性人物，一位是不丹皇太后，另外一位則是東區羅姐。

首先來談不丹皇太后，這個故事發生在二〇二〇年十二月十七日，那一天是不丹的國慶，我在台北文華東方酒店宴會廳主槌了一場名為「Meet Love・遇見愛・預見愛—勸募義賣晚會」，義賣晚會是由著名的珠寶暨高級訂製服設計師方國強先生，專門為不丹皇太后慈善基金會所舉辦的勸募活動。不丹皇太后慈善基金會是由皇太后桑潔曲登所發起，長期援助不丹的弱勢婦女，發展不丹皇室的紡織品學院，基金會對於偏鄉孩子的教育也有許多貢獻，受到新冠肺炎疫情的衝擊，二〇二〇年不丹的旅遊業處於停頓狀態，基金會面臨財政收入困境。早在二〇二〇年五月，方國強先生受不丹皇太后之託設計公主大婚禮服，因為疫情，不丹皇室決定低調舉行婚禮，再加上方先生又剛好看了一部電影《不丹是教室》，深有感觸，於是發起這場跨國公益慈善拍賣的募款行動。

那一場慈善拍賣會的宣傳卡司可謂鑽石陣容，拍賣會前，方國強先生邀請了徐若瑄、小S、張榕容、溫昇豪、藍心湄、台塑生醫的董座王瑞瑜等名人，錄下 Meet Love 的前導宣傳影片，在慈善拍賣晚會當天由曲艾玲主持之外，團隊認為拍賣執槌的部分應該讓真正專業的拍賣官來執行，於是就找到了我。

由於發起人方國強先生本身是高級訂製服設計師，捐出的拍品包括他為名模林志玲設計的一千零一夜中東風格禮服；也有為知名女星張鈞甯所設計的一件羽毛訂製短禮服。最高價的拍品當屬方先生特別為這場慈善活動所設計的一克拉紅寶石鑽戒與吊墜兩用珠寶，這款珠寶融入不丹的圖騰，總共做了七只，其中的六只已被不丹皇室成員所擁有，唯獨留下這一只，由方先生慨然捐出做慈善拍賣。

什麼是慈善拍賣呢？慈善拍賣也有人稱為公益拍賣，是根據公益的目標，結合慈善操作，互相結合的一種拍賣形式，而由公益賦予整場拍賣會的社會價值。從另一角度而言，透過拍賣使得公益行動也能收宣傳及品牌形塑之效，經過拍賣的過程，企業或團體也能達成其社會責任。

「慈善」一詞是從佛教傳入中土之後才開始使用，在漢語大詞典裡，慈善意指慈愛善良、仁愛富同情心，慈善拍賣會的場景也常成為電影或是電視劇中，劇情的重要橋段。我在二〇二三年四月十二日曾受中國拍賣行業協會的邀請，參與「美國公益拍賣線上論壇」。慈善拍賣在美國發展相對較早，在疫情前，中國大陸也因企業積極投入，結合品牌行銷，使得慈善拍賣舉辦場次快速增加，呈現規模越來越大。在台灣，慈善拍賣概念起步也非常早，但趨於小規模進行。

慈善拍賣會運作的方式因應慈善拍賣主題及目的不同，呈現多元的規劃形式。從參與對象，也就是競買人，可分為兩種類型，第一種類型是參與對象不對外界公眾開放，而是採邀請制。一般操作方式可能結合酒會或者是晚宴來舉行，例如前述的「Meet Love・遇見愛・預見愛─勸募義賣晚會」，即是採用晚宴邀請制進行；另外一種類型是對外公開，一般的公眾只要繳交保證金，取得競買號碼牌，均可入場參與競拍。

從具體操作執行規劃來說，方案其實有很多種，例如有某基金會想要透過慈善拍賣活動來募款，該基金會可向社會大眾或特定對象徵集拍品，拍賣所得可扣除成本後捐贈，或是拍賣所得全部捐贈，此部分涉及徵集拍品的條件，完成徵集後，基金會再委託專業拍賣公司執行拍賣。

二〇二二年一月二十六日，台灣仍處於疫情期間，我曾主持一場名為「閃亮的回憶─羅霈穎與羅青藏書畫及精品拍賣會」，這場拍賣會非常的特別，一個愛馬仕經典款柏金包以不可思議的價格新台幣五千元起拍，在當時受到非常多媒體的關注，這是被稱為「東區羅姐」的羅霈穎（原名羅璧玲）遺物拍賣會。羅霈穎曾經是台灣影視圈非常活躍的女星，二〇二〇年八月突然在家中去世，距離她的六十歲生日僅差十天。

羅霈穎的哥哥是知名藝術家羅青，他在妹妹驟然離世之後一年，才鼓起勇氣打開羅霈穎的保險箱檢視資料，從中發現保險箱裡留存許多國內外精品文宣，還有購買精品的收據，另有大量公益慈善機構的勸募信、感謝狀，而且捐贈範圍之廣，令羅青十分驚訝。隨後羅青又去查閱羅霈穎的流水帳簿，才發現多年來妹妹每一年都會固定捐贈十幾個公益團體，每一筆的金額都是從五萬元起跳，而且是持續相當長的一段時間。羅霈穎的表演風格熱情辛辣，外表看來東區羅姐個性大剌剌的喜歡追求名牌，事實上據他哥哥羅青幫她核計後，羅霈穎的公益捐款數字跟她購買名牌精品的數字應該差不多。羅青看到了這麼多妹妹捐給公益團體的收據之後，對於如何幫妹妹處理這些精品收藏，心中有了答案，順著妹妹在生前的公益之心，羅青決定委請帝圖藝術拍賣公司執行「閃亮的回憶—羅霈穎與羅青藏書畫及精品拍賣會」。

「東區羅姐」慈善拍賣會遺愛人間，拍賣會在W Hotel舉行，那一天主持拍賣會，連我自己都好想跳下來競買，很多市場上絕版或停產的精品款式、特殊的顏色、限量版的名牌包、高級鑽錶等都是新台幣五千元起拍，價格令人心動。當天我主持慈善拍賣會的感覺與主持藝術品拍賣會時，心情別有不同，當我落槌順利拍出這些拍品的時候，從競得拍品的買主眼神中，我讀到了喜悅，還有一份懷念遺物主人的情感。

掌握買家心態、慎選優質拍品、制定競價策略，是慈善拍賣會成功關鍵。分析買家來慈善拍賣會競買拍品的目的，大致可分為三種心態。第一種心態是想捐錢回饋社會，或是救助弱勢團體，所以他認為買什麼樣的拍品並不重要；另外一種心態，是他想捐錢，但是也想買一些實用性的、有收藏價值或者是保值的物品；第三種心態是只為買自己喜歡的物品，不符合價值判斷的拍品不會出手競買。

於是乎如何徵集與選擇拍品，對於一場慈善拍賣會就至關重要。我們可從前述羅霈穎遺物拍賣會的案例提出幾個想法。首先，通過拍品本身的話題性或者是拍品曾經為名人所擁有的知名度，吸引大眾及媒體的關注；其次，拍品具有一定的價值，買家購得以後，不管是自用收藏或者再轉手獲利，都非常的方便靈活；第三是選擇比較稀有性的拍品，這一類的拍品在市場上具有一定的價值，而且一般人透過正常管道不一定能買得到，例如需要配貨才能購得、在市場上一物難求的限量版或訂製版，都是公益慈善拍賣會極佳的拍品選擇；還有一種就是拍品本身並非具有高價，卻含有某一種紀念意義，這類拍品可能承載了某個時代的意義，或是蘊含某一個事件背後的故事等，例如老照片，某某事件的紀念品等，這也是非常好的拍品徵集標的。另一項小提醒是慈善拍賣的主要目標在於募款，在拍品的徵集時也須留意搭配一些比較高價的拍品，不然可能最後拍品的總價金額不夠高，最終捐款數字也就會不漂亮，所以要穿插一些高價的拍品，這就是執行慈善拍賣會成功的重要關鍵。

身為一位專業的拍賣官，主持慈善拍賣會跟平常主持的藝術品拍賣會，主持風格及技巧運用仍需有所區隔。拍賣官除了對於拍品一樣要做充足的功課之外，也要在活動之前充分了解舉辦這場拍賣會背後的意義是什麼？哪些人會獲得善款資源？拍得善款會做什麼樣的運用？

在主持慈善拍賣會的時候，我們會考慮到其實買家都是為公益而來的，所以拍賣官在主持時不管是語言的鼓動或者是控場的方式，都要表現得更加活潑，甚至可以用一些幽默感或者是鼓勵買家將愛心催動，因此拍賣官的表現無論在表情、肢體動作來講都要特別設計，這些設計重點在於製造氣氛，每一次只要有競買人出價，拍賣官應盡其技巧再去催動其他可能也有興趣的買家，營造互相競爭的態勢。甚至在拍賣官可以在最後要落槌的時候，也可以邀請現場最重要的人士上來跟你一起落槌。二〇二三年十月十三日我接受美僑協會的邀請，主持雅詩蘭黛與美僑協會（The Estée Lauder Companies X ACC）合作「繪心抗癌」公益拍賣，已連續舉辦三十一年的雅詩蘭黛粉紅絲帶乳癌防治宣導活動，在二〇二三年有了慈善拍賣會的創舉，在最後一件拍品落槌成交時，我邀請雅詩蘭黛執行董事總經理 Jean-Alexandre Havard 上台共同落槌，有別於商業拍賣會的嚴謹，落槌的那一刻掀起慈善拍賣會最高潮。

主持慈善拍賣會相較於主持專業藝術品拍賣會的不同，拍賣官仍需要展現許多創意小心思。猶記得二〇二〇年，我主持為不丹皇太后基金會舉辦的「Meet Love．遇見愛．預見愛—勸募義賣晚會」，晚會前主辦單位在現場辦了一個迎賓小派對，發起人方國強先生就站在拍照牆前與來賓一一握手合影，此刻的我應該在後台做拍賣的最後準備，可是我沒有待在後台，而是選擇走到拍照牆旁邊觀察方國強先生跟陸續抵達的貴賓的肢體語言如何互動，分辨貴賓與方先生關係親疏，記住他們的臉孔，等真正拍賣開始的時候，我眼睛就盯著與方先生互動最熟絡的貴賓們，因為我知道他們此次前來必定會支持方國強先生的善舉，而會勇於競價，這策略確實也催出了非常好的效果。

好的拍賣官不僅要有靈活的主持技巧，還需熟稔現場買家心態。在主持不丹皇太后慈善基金會募款拍賣時，考量出席現場貴賓們並非拍賣場上常見的買家，他們絕大部分沒有參加過拍賣會，所以我在晚餐告一段落進行到拍賣會前，先安排競價現場教學與拍賣暖身，向貴賓解說競價規則、競價階梯，然後讓大家暖暖身，讓現場貴賓練習舉起手上的號碼牌，多練幾次讓他們熟悉如何把牌舉起來，從來沒有參加過拍賣會的人手上雖然拿了號碼牌，可能因為不習慣或害羞，往往不好意思舉牌。所以我花了一點時間讓大家練習舉牌動作，同時也讓主辦單位攝影師藉機拍攝到大家都把牌子舉起來的畫面，留下熱烈參與競價的場景。

主持公益慈善的拍賣會，跟我的人生學習歷程頗為相應，因為我在大學主修社會工作，畢業多年來，仍長期服務智障的弱勢孩子們，目前還擔任中華身心障礙運動休閒服務協會的理事長，同時也是中華民國保護動物協會重要的理監事會成員，在公益的角色跟拍賣官的角色切換，於我而言，主持慈善拍賣會，是天命使然且游刃有餘，秉持善心、善念、善意，來成就一段善緣，善心無界，藉由落槌，讓我們一同遇見愛。

拍賣場人生小領悟

行善之心，最能領略到最真實的人生價值。

與不丹皇太后慈善拍賣會發起人方國強設計師合影

主持不丹皇太后基金會慈善拍賣

主持羅霈穎慈善拍賣

主持雅詩蘭黛乳癌防治拍賣與董事總經理合影

16 一尊佛像的千里牽引

我最常被問到的一個問題就是，我是如何考取拍賣師執照？如果我的回答是：「因為一尊佛像的牽引」，你會相信嗎？經歷的過程中面對許多奇妙的因緣，像是上天早已安排好的劇本，劇情轉折、高潮迭起，同時也不乏困難來挑戰，雖常常給自己打氣，但努力的背後卻充滿了淚水……。

故事要從二〇一一年開始說起，我受到青少年文化活動主辦單位的邀請，需飛往陝西咸陽擔任評審，如果搭乘飛機到過西安的人應該都知道，西安的機場其實是在咸陽，兩地車程不到一小時。友人得知我要前往咸陽的消息，特別來問我可否多請兩天假，提前到西安，有一件重要的事情要託付我，隨後他從檔案夾內拿出一張佛像的照片，說道：「去年我跟我太太到西安遊歷，我太太在大興善寺見到一尊佛像對著她微笑，但因行程匆忙且佛像體積龐大，所以沒能請回台灣，十分遺憾。這次聽說你要去咸陽，我跟我太太又重燃希望，盼你能幫忙完成我太太的心願。」。我聽後頓時錯愕不已，我回答道：「西安我從來沒去過，我也不認識任何人，人生地不熟，教我從何尋起呢？」友人聽後趕緊將買佛像的錢塞給我，雖然知道成功機會渺茫，但仍要我想想辦法，而他會給我祝福。

恰巧當時認識一位在大陸經商的朋友剛好回到台灣，只好硬著頭皮請教他西安有沒有結交比較可靠的人，我需要委託代訂住宿、還需要一部車、一位司機。在大陸經商的朋友推薦一位在西安的企業家，應該可以幫忙，於是我提前飛往西安，懷著忐忑的心情，踏上尋佛像的未知之旅。當抵達咸陽機場時，那位西安企業家已派了一部車、一位司機接機，還很貼心的派了一位女秘書陪同，簡單寒暄幾句，我拿出佛像的照片讓司機與女秘書兩位確認此行要找的目標，發動引擎，即刻驅車前往大興善寺，開始我們的超級任務。

大興善寺是佛教的八宗之一，是密宗的祖庭，也是隋唐時期的皇家寺院。可惜年代久遠，加上都市的發展，現在的大興善寺，被一些後來興建的民宅包圍住，以致車子不方便進出，當司機開到大興善寺附近，司機跟我說因不好停車，讓我們兩位女士暫留在車上，他先跑進寺裡一探究竟。不一會兒司機跑回來，帶著小喘氣告知寺裡販賣部已撤了找不到，得知這個訊息，心中瞬間浮現一則以喜、一則以憂兩種截然不同的心情，喜的是我多了兩天假期，身邊又有車又有司機，還有女秘書當嚮導，可以好好遊覽十三朝古都的西安城風光，憂的是這等於宣告此行找佛像的任務失敗無法達成。

人總是要面向陽光，往正面想，既來之則安之，其實一開始我就不抱任何希望，想著怎可能一尊可以買賣交易的佛像，一年多了，還會在原地呢？念頭一轉，就交代司機開車在西安城走走逛逛，當個快樂的觀光客。猶記得車行數分鐘恰巧遇上紅燈，我發現路邊有家商店的名稱引發我的好奇心，店名叫「佛像超市」，哇……佛像還有超市耶！我趕緊請司機在店門口停車，我快步下車，女秘書手裡拿著佛像照片緊隨在後。佛像超市門面並不大，門口櫥窗內有尊佛像，我看了佛像一眼，覺得眼熟，但心想難道我來西安看到的第一尊佛像就是我要找的那一尊？不太可能吧！於是我推了門走進佛像超市。

佛像超市內部極為寬敞，裡面有大大小小幾千尊的佛像真的超乎想像，不過都是工藝品並不是古文物。正看得眼花撩亂時，腦中似乎閃出一個念頭，對於門前櫥窗內那尊佛像的熟悉感，正幽幽地召喚著我，於是我又走回門口櫥窗前，凝視著櫥窗內那尊釋迦牟尼佛像。這尊佛像通體潔白，是用漢白玉雕刻而成，頭滿罩螺髮，肉髻微微隆起，寬額豐頤，雙耳垂肩，眉如初月，雙目微闔下視，靜美的臉龐顯出淺淺微笑，神態清淨沉穩，溫和端詳，呈「寂靜相」，予人平和安穩之感。主尊身披佛衣，衣褶層疊有致，結跏趺坐於俯仰蓮座之上，左手置腹前，結禪定印，表禪定之意；右手垂直指地，施觸地印，此印亦稱降魔印，佛典裡曾記載釋迦牟尼以此印觸地，即有地神湧出，證明釋尊之福業勝德。我將目光專注在佛像背光上面，佛背光是藏傳佛教中佛像後面的裝飾，其上常常擁有和主題相匹配的場景和圖案。此釋尊背後為火焰紋背光，背光分為三層，最內層為佛像頭部外，為一圈蓮瓣，中間層為連續卷草紋，最外層為火焰紋，火焰線條排列有序，似有節奏韻律。

當我看到釋尊身後火焰紋背光時，猛然間如電流竄過，全身起雞皮疙瘩，趕緊請女秘書拿出照片兩相比對。沒錯！這尊就是我要找的佛像，因為那一尊佛像，在火焰紋背光的左側部分，是有瑕疵的，而那個瑕疵與照片中一模一樣，我像是中樂透般欣喜，萬萬沒想到竟然在無意間找到這尊佛像，而且是在抵達西安後短短幾小時就完成。因為這佛像實在太重，在後續處理運輸的過程中，我認識了西安華航的總經理、西安美院的總務主管及一群教授們，他們為人在異鄉的我，提供許多協助，一尊佛像牽起這麼多緣分，真是始料未及，也促成日後我為台灣的藝術相關系所與西安美院建立交流的機緣。

找到佛像，我開心地準備前往咸陽去擔任青少年文化競賽的評審，離開西安前，我邀請這一位曾經幫助過我的西安企業家見面，想當面表達我對他協助的感謝。我們約在西安鐘樓飯店的大廳喝茶，那是我第一次見到這位企業家祁總經理，我們交換了名片，由於先前都是以微信聯繫，我收下他的名片也沒細看就放進名片夾，禮貌性地向他表達我的感謝後，我們各自分享台灣與西安藝術發展的現況，由於當時兩岸氛圍較友善，彼此也期待能辦活動多交流，於是有了之後舉辦台北西安書畫名家交流展的構想。

有一天，我整理名片的時候，無意間翻到了西安這位幫助過我的企業家名片，定眼一看，名片上面寫著他的公司，居然是一家拍賣公司，他在日後鼓勵及協助我尋得正確途徑考取拍賣師執照，扮演著重要的角色。這時我終於明白老天的巧妙安排，生命中許多東西是可遇不可求，刻意強求的或許得不到，而不曾被期待的，往往會不期而至。藉由一個超級任務的託付，跨海尋找一尊會笑的佛像，而那尊佛像竟然等了我一年多，卻是在無意間尋得，而且是我在西安看到的第一尊佛像。如此的緣分應該是前世五百次的回眸，才換來今生的相遇，台灣與西安的直線距離有一六五三公里，佛像的千里牽引，讓我得以認識許多西安的文化界人士，也認識西安的拍賣公司總經理。總歸來說，尋佛之路開啟我考取拍賣師專業執照之緣，一個念頭，一次決定，當尋見佛像的剎那，深信那尊佛像一直在等的人，就是我！

拍賣場人生小領悟

緣分就是，不早不晚，恰恰剛好。

17 一通電話改變人生

你有沒有因為一個人對你說過的一句話，而改變人生航道的經驗呢？在我的人生故事中，就曾經因為一通電話，當時電話那頭突然拋出的話語，讓我心頭一震，從而改變我人生的努力方向。在這一篇當中，你看不到一路順遂的風景，而是感受我想扭轉劣勢的意志，當發現我被排除在現行拍賣師考試申請資格之外時，我該怎麼做呢？我是如何取得第一張拍賣相關專業證照「從業證」呢？我又是如何設法影響改變大陸拍賣師考試申請資格規定，而成為台灣的領跑者呢？

前一陣子在準備交通部觀光署觀光雙年曆工作坊演講資料時，我特別以「吸引力法則」作為分享主題，什麼是「吸引力法則」？當你內心有足夠的渴望與目標，整個宇宙彷彿就只聽見你的願望，來幫助你，讓你相信好運會發生。《贏家才知道的心想事成祕密：成功者的吸引力法則，讓全宇宙都來幫你》這本書提到：「沒有目標的人，就像沒有舵的船，隨著潮汐和風向任意飄蕩。一個目標明確的人，就是一艘有舵的船，可以直達目的地。一旦有目標，會很驚訝自己的運氣扶搖直上。」自從一趟西安行之後，由於自己對於專業養成及證照制度尤為重視，台灣有沒有拍賣官的培訓課程？有沒有拍賣官的專業證照？我查找了台灣的規範及受訓課程，發現並無此機制，但聽聞大陸因為有《拍賣法》，而有較完善的教育養成及證照考試規定，於是我開始關注對岸取得拍賣官專業認證的可能性。後面發生一連串的故事，正巧印證「吸引力法則」，當我設定好了明確目標，醞釀了積極的行動力，也具備了耐挫的勇氣，彷彿整個宇宙聽見了我的願望，命運的轉輪帶動出一股氣旋。

我打了一通電話給遠在西安拍賣公司的祁總，跟他請教如何取得拍賣官的培訓資訊，以及拍賣官的執照考試相關規定，祁總是一位熱心的企業家，通完電話他立刻去尋找答案給我。不久之後他回電了，他解釋說負責考照的單位是中國拍賣行業協會，若要取得拍賣師證，首先必須取得「拍賣從業資格證」，簡稱「從業證」，取得滿一年後才有資格報考拍賣師證。若要成為正式註冊的拍賣師，必須擁有雙證照，即「從業證」與「拍賣師證」才是合法拍賣師。「從業證」由大陸各省的拍賣協會自辦培訓，拍賣師證則由中國拍賣行業協會主辦，於每年五月開放報名，十月進行筆試考試，筆試通過後，方可參加十一月下旬的主持技巧科目考試，兩項考試通過後才能取得拍賣師證。

祁總說得很詳細，我聽著好似已經在心中描繪出考試準備藍圖了，此時他話鋒一轉說：「不過按目前考試規定，只開放台灣人報考第一張從業證，並未開放台灣人報考第二張拍賣師證。」聽到這裡，我的心頭一涼，心情瞬間從天堂掉到谷底，正要掛斷電話時，又聽到祁總在電話那頭激動地跟我說：「文玫，我跟你講，如果你能取得拍賣師證的話，你就是台灣第一人！你可『牛』了！」他意思是指我將非常厲害，他這段鼓勵我的話，已經幫我定下未來努力的目標，激發我想要突破困難的勇氣。

祁總幫我分析考試策略，要我先設法取得從業證，至於開放拍賣師證的考試報名資格，則需要時間去爭取。由於我對廣州較為熟悉，於是報名廣東省拍賣協會辦理的從業證培訓及考試專班，以取得第一張執照「從業證」。二〇一三年八月十一日我飛往廣州，參加十二日至十八日，為期七天的第六十七期拍賣從業人員資格培訓班。

廣東省因地理位置成為中外經濟貿易和文化交流之門戶，也始終是一個和境外接觸非常頻繁的地區，作為中國大陸與外部世界聯繫的主要通道，中西文化碰撞、匯合、交融之地，廣東人敢於冒險，求新求變，外向性很強。一九八六年，廣州成立了第一家國營拍賣公司，拍賣一些官方罰沒充公物品，重新恢復拍賣業；一九九二年是中國的拍賣元年，八月三十日，國務院辦公廳頒發了《國務院辦公廳關於公物處理實行公開拍賣的通知》，從此開啟了拍賣市場的大門；同年十月三日，深圳動產拍賣行在深圳博物館舉行首屆當代中國名家字畫拍賣會。可見拍賣產業在廣東發展甚早，尤其廣東省拍賣行業協會秘書長鄭曉星，早期參與《拍賣法》的起草，一九九二年深圳舉行首屆當代中國名家字畫拍賣會也是由他執槌，是全中國最有影響力的拍賣師之一，有著豐富的拍賣業務知識和經驗，其主持拍賣的風格和技巧是拍賣師執業資格考試和培訓的唯一學習範本，我在廣州七天的拍賣從業人員資格培訓班課程就是由他規劃，並承擔大部分的授課內容。

課程在廣州東山賓館進行，同期跟我一起受訓的學員就有一二八人，而我是唯一的境外生。

課程內容非常扎實，包括：拍賣概述、拍賣標的、拍賣人、拍賣師與拍賣資格、拍賣法、拍賣的基本規則、拍賣流程管理、拍賣行業管理、委託人與拍賣委託、拍賣公告與標的展示、競買人與競買活動、買受人與拍賣成交等，共十二堂涉及法規與實務的課程，最後經過總複習之後即進行從業證考試，考試並不難，只要用心聽課，幾乎人人都能過關，因為這是拍賣從業人員最基本的從業規範認知測試而已，考試難度與日後參加拍賣師證的筆試相比，真是小菜一碟。二〇一三年八月十八日，我終於取得了「拍賣從業資格證」（從業證），達成我的第一個目標。

不過在二〇一四年十一月一項法規《關於取消和調整一批行政審批專案等事項的決定》頒布中，第六項「取消的專業技術人員職業資格許可和認定事項」，已取消拍賣從業資格考試，拍賣從業資格證的政策自此已不再實施，之後若要取得拍賣師資格，只需取得一張拍賣師證即可執業，結束雙證照才能主持拍賣會的時代。

闖過了第一關，希望之光初露，但問題來了！我將面臨第二年五月拍賣師報名考試時，得具備資格的時間壓力，到底該怎麼辦呢？恰巧我與祁總籌備多時的西安台北書畫名家交流活動已臻成熟，祁總提議可以邀請中國拍賣行業協會張延華會長出席交流活動，讓張會長多了解狀況。二〇一三年十一月十九日「第一屆西安台北書畫名家交流展」終於在臺灣藝術大學教學研究大樓一樓國際展覽廳揭幕，也順利邀請到中拍協張會長出席開幕式。不過祁總在行前給我一個提示，張會長是一位正直的女士，他建議我不要一開始就跟張會長講要考拍賣師的事，而該讓她自然而然地來認識我，用真實的互動經驗，展現台灣人才優秀的一面，考試資格的開放將指日可待。

二〇一四年中國拍賣行業協會發布《關於二〇一四年（第二十六期）全國拍賣師資格考試報名的通知》，開放香港、澳門、台灣居民得以在五月十一日至六月十日的期間，申請報名拍賣師資格考試。收到此訊息後，真是令人開心雀躍，在當初認為難度最高的開放台灣人報名考試，竟然能夠通過，直接改寫在考試資格文件中。我迅速將報名資料投交出去，感覺大片陽光灑進我的生命，距離目標又更近一步了。考照的過程，前面靠貴人引路，後面的道路得靠自己一步一步走，只有實力，無法取巧。

考試前肯定要再加入衝刺輔導班，二〇一四年的九月三十日，我又飛到廣州參加廣東拍協舉辦的「拍賣專業知識輔導班」，課程內容無非就是告訴學員要看哪些書，例如拍賣實務教程、拍賣經濟學、拍賣法案例分析與拍賣相關法律與規則，看到這麼多厚厚的書，即便是參加完輔導班之後，更重要的仍是自己要去理解消化跟吸收書中的知識。在中國大陸的拍賣市場中，已發展形成包括法院強制拍賣、公物拍賣、破產企業財產拍賣、慈善拍賣、文物藝術品拍賣、機動車拍賣、房地產拍賣、二手物件拍賣、農產品拍賣、無形資產拍賣、公有建設用地權拍賣、股權拍賣、債權拍賣、企業公有產權拍賣等不同拍賣體系，若考取拍賣師證之後，在體系內任何拍賣市場，拍賣師均可執槌主持。因此，在拍品範圍如此繁多複雜的狀況下，拍賣師對不同領域所涉及的法律規定，必須十分了解並熟稔於心，更要融會貫通、靈活運用。幸好我在立法院的工作經驗，成天跟法條、法規打交道，所以看到了這些跟法律相關的內容並不陌生，還不至於打瞌睡，只是要一邊工作、一邊準備十月十八日即將來臨的筆試，我的身心都感受到負荷的壓力。

從被排除在現行拍賣師考試申請資格之外，到取得第一張專業證照「從業證」，再到爭取開放拍賣師考試資格，成為第一位報考拍賣師考試的台灣考生。「吸引力法則」鼓勵人們敢於想像願景、勇於追求夢想，一旦設定好了目標，人生會出現各種巧合來促成夢想實現，期待好事，就能收穫好事，即便千難萬難，只要堅定信念，全宇宙都會來幫你。

拍賣場人生小領悟

編列夢想清單讓你成為贏家！

18 進京趕考迎挑戰

在網路上看到中國拍賣行業協會對於二〇二四年第三十六期拍賣師職業資格考試，筆試成績合格人員名單的公告，我的思緒飄回十年前，當年我也是如同這批考生一樣，經過一次次的基礎訓練，為拍賣師資格考試第一階段筆試做準備，再共同匯聚北京大會考。有人曾經問我，筆試考什麼？我不賣關子，直接回答考試共有三張考卷。第一張考卷「拍賣實務」，考記憶力也考理解力；第二張考卷「拍賣案例分析」，竟然是考法律專業；最難寫的是第三張考卷，拍賣也要懂經濟學。

古代隋文帝實行考試選拔人才，奠定科舉的基礎，之後科舉制度在唐朝發展成型，要想出人頭地，只有考取功名才能飛黃騰達，這也是為何有那麼多書生經常不遠千里進京趕考，只求能翻轉人生。只是沒想到竟然我也有「進京趕考」的一天，雖然不若古人千里跋涉、翻山越嶺才能抵達考場，但是考前挑燈苦讀的折磨，祈願能一舉中第的心情，古今皆然。

二〇一四年十月中，我從台北飛往北京，在機上仍抱著書本背誦，孜孜不倦、未敢放鬆，好像回到多年前考大學聯考的時代，當時年輕記性好，現在的年紀說好聽是理解力高於記憶力，其實就是背書的能力已大不如前，有時想想何必給自己找麻煩，還要跟上千位考生較長短，但這個念頭很快就被自己否定，這是我切換人生跑道的轉場，沒有挑戰，就不會有新局面。在二〇一三年八月十八日，我取得了「拍賣從業資格證」（從業證），完成第一關的證照取得之後，第二關是第二十六期拍賣師考試資格考試第一階段筆試，要跟來自全中國的考生一起展現準備的成果。

早在一九九五年，「中國拍賣行業協會」成立，簡稱中拍協。它是一個由全中國拍賣業自願結社的非營利組織，主要功能之一是作為拍賣產業與政府部門之間的中介角色，傳達市場與政策所需的訊息，至今已有超過八千三百家拍賣公司會員，遍及中國所有省市。依據《拍賣法》第十七條規定，拍賣行業協會是依法成立的社會團體法人，是拍賣業的自律性組織。拍賣行業協會依照本法並根據章程，對拍賣企業和拍賣師進行監督，所以中拍協是培訓拍賣師、提供考試與授證的法定機構。英國和美國對於拍賣官並沒有專業的規定和限制，而中國和法國則是目前少數有拍賣師執照制度的國家。《拍賣法》第十四條規定，拍賣活動應當由拍賣師主持。第十六條規定拍賣師資格考核，由拍賣行業協會統一組織。經考核合格的，由拍賣行業協會發給拍賣師資格證書。可見拍賣師的工作地位及證照專業性是受到法律的保障，法律也明定拍賣師應當具有高等院校專科以上學歷和拍賣專業知識、在拍賣企業工作兩年以上，且品行良好者，被開除公職或者吊銷拍賣師資格證書未滿五年的，或者因故意犯罪受過刑事處罰的，依法不得擔任拍賣師。對於一個職業的要求，以法律明定之，這是較少見的案例，我認為這不僅僅是法律的要求，也是拍賣師在執槌任務中的道德與能力的要求。

來說說我如何準備筆試，拍賣師執業資格考試委員會依據《拍賣師資格考試管理辦法》的有關規定，於二〇一四年五月二十八日公布二〇一四年拍賣師資格考試《考試說明》和《考試大綱》，以便引導考生正確的應試準備，提高考試品質。《考試說明》和《考試大綱》對拍賣師資格考試的考試科目、考試時間、考試方法、試卷結構與書寫要求，均做出了詳細規定，已經將準備範圍從厚厚的幾大本，聚焦重點，在每個篇章列出需要了解以及需要理解的基本要求，也會條列出考試內容，協助考生作好準備。看到這裡，你是否會覺得考題不就呼之欲出了嗎？其實不然，《考試大綱》僅是簡要條例，要寫出答案還是得回到書本去熟讀去背誦才行。參加輔導加強培訓還是必須的，二〇一四年九月三十日我報名在廣州開課的「二〇一四年拍賣專業知識輔導班」，就是必要的投入，透過講師的解說，幫助自己理解拍賣原理的來龍去脈，以及實務上的處理機制。老實說，參考書及《考試大綱》在當年啃讀書本時，早翻得脫頁破爛不堪了，現在我將它們擺放安置在書房中重要顯眼的櫃位，它們就像是跟著我一起征戰沙場的老兵，臉面的滄桑，體內的創傷，隨時提醒我曾經奮戰的榮光，也莫忘參與考試的初心。

二〇一四年十月十八日上午九點，北京北方工業大學校園的鈴響了，考生們魚貫走進考場，找到自己的座位，將准考證、2B鉛筆及橡皮擦放在桌面，我像個十八歲的學生，乘著時光機彷若回到大學聯考的那天早上。準備了那麼久，終究要面對的第一張考卷發下來了，這一節考的是「拍賣實務」，總共四十五題，包含二十五道單選題、十五道多項選擇題、三道綜合能力題、二道論述題，滿分為一〇〇分，考試範圍涵蓋拍賣師未來執業可能遇到的各類拍賣市場主要標的類型、概念、原則與特點，例如強制拍賣、公物拍賣、破產企業財產拍賣、慈善拍賣、文物藝術品拍賣、機動車拍賣、房地產拍賣、二手物資拍賣、農產品拍賣、無形資產拍賣、公有建設用地使用權拍賣、股權拍賣、債權拍賣、企業公有產權拍賣等；另對於拍賣師的執業內容以及拍賣方式中的拍賣資產評估、拍賣的專案策劃、網上拍賣，均列為考試內容。想要好好答題，建議熟讀《拍賣實務教程》以及參照《新編拍賣相關法律與規則》一書中相關法律。當我還在做最後的檢查時，第二次鈴響了！一百五十分鐘考試時間到，我全身緊繃振筆疾書，嘗試寫好寫滿，鈴響交卷，將結果交給上天吧！這門「拍賣實務」考的不僅是記憶力，更需要對拍賣產業實務的理解力，若是對拍賣產業毫無實務經驗的考生，想必很難取分，難怪報考條件需要有拍賣專業知識以及在拍賣企業工作兩年以上經驗者。

緊接著下午繼續考第二張考卷，「拍賣法案例分析」，考題類型包括二十五道單項選擇題、十五道多項選擇題、四道綜合案例分析題，其中的考題核心都是圍繞著《拍賣法》的架構，可分為三大部分，其一是拍賣人、委託人、買受人的權利義務；第二部分拍賣前的準備、拍賣的實施、拍賣成交與效力等三階段的法律原理原則；第三部分是拍賣佣金與保證金的標準，涵蓋了人、事、物三種面向的法律規定與拍賣場常見的法律糾紛案例解析，本卷共四十四道試題，要得高分需要發揮對法條融會貫通的能力，建議熟讀《拍賣法案例分析教程》以及《新編拍賣相關法律與規則》。這張考卷我一樣寫滿一百五十分鐘直到打鈴，一天的折騰，手也寫得酸疼，在整個考場，我應該是唯一用繁體字作答的考生吧？跟其他考生以簡體字書寫比起來，我的考卷筆畫多，想必分量感也夠吧？衝著這一點，閱卷老師應該也會手下留情，添一點墨水分數給我，揉揉手臂，我是如此天真地想著。

經過一夜的輾轉難眠，第二天提起精神再戰考場。二〇一四年十月十九日上午第三張考卷「拍賣經濟學」共四十五題，範圍涵蓋拍賣經濟學導論、拍賣的理論基礎、拍賣的基本原理、拍品供需與價值、拍賣企業管理、拍賣市場與規則。經濟學希望達成資源之分配效率，將資源分配到對其評價最高者手中，而拍賣正是一種利於達成「效率分配」的交易制度。當賣方難以確定買方對商品的願付價格時，拍賣制度可以藉著競買者之間的互相競爭，讓願意付最高價格者買到商品，也因此達成分配效率。在參考教材《拍賣經濟學》中，拍賣經濟學是運用經濟學的一般知識和原理，來研究拍賣這一個特殊的經濟現象，重點研究市場經濟中的拍賣制度的特色和發展規律。三科考卷中，我覺得這一張考卷最難答題，不僅要懂經濟學方面的理論，還要去理解而非僅背誦，偶爾我會抬頭，理一理思緒，沒想到看見中拍協張延華會長進來考場巡視，當她走到我身邊時，我感覺張會長刻意在我桌邊停留，看我的考卷上面寫什麼，我的心緊張得都快跳出來了。經過幾年之後我們聊天談及此事，張會長才表示她當時很擔心我不會寫，所以特別來看看我的狀況，她看我寫得非常流暢，沒有停滯，或者咬筆桿的苦思現象，所以她就放下焦慮的心，成績揭曉果真不負張會長所望，我很順利地通過了第一階段的筆試。如今的拍賣師考試已不用考《拍賣經濟學》，改以《拍賣概論》取代，但是拍賣與跨學科領域理論交互借用及印證，於我而言仍是十分寶貴的知識汲取。

走出考場，見其他考生三三兩兩聚集討論考題，我卻因是台灣第一個人赴考，內心總感覺是孤軍奮戰，孤獨既是先行者的必經之路，但孤獨也是這個世界對先行者的饋贈，因為，攀登險峰之巔才能盡覽無限風光。

拍賣場人生小領悟

翻轉人生，最好的方法莫過於主動創造未來。

19 含著眼淚依然奔跑

你有聽過龜兔賽跑的故事嗎？兔子的專長，就是行動力十足、跑得快，但是當兔子與烏龜競跑比賽，為什麼兔子最後會輸給烏龜呢？因為兔子仗著自己能跑的先天優勢，認為即使小睡一下烏龜也趕不上他，所以他在比賽的路上怠惰選了一棵樹下睡覺休息，心裡想等睡醒了，烏龜可能都還在後面，最後兔子因為他的驕傲以及輕敵，輸掉了這場比賽，這是《伊索寓言》中的一則故事，曾幾何時，我竟然也成為那隻大意失荊州的兔子……。

拍賣師執照的取得，必須得通過拍賣師四科的資格考試，可分為第一階段筆試及第二階段主持技巧考試。我在二〇一四年八月十八日至十九日的「拍賣實務」、「拍賣法案例分析」、「拍賣經濟學」，三科筆試考試獲得通過後，十一月二十二日至二十三日要面臨的第三關即是主持技巧的考試。十一月二十一日我飛往北京出席考前報到手續，在踏入報到大廳的當下，我遇見了廣東省拍賣協會的秘書長，同時也是拍賣師訓練的總教頭鄭曉星先生，他以十分驚訝的眼神看著我，問我怎麼會來？我當時沒意識到問題的嚴重性，只回答我有報名呀，就是來應考第二階段的主持技巧，他表情嚴肅地跟我說，你要不要考慮明年再來考，因為你沒有參加主持技巧的培訓，應該很難通過這次的考試。當時我十分不以為然，心想我在台灣早已經開始主持拍賣會了，對於執槌的流程與經驗，應該可以輕輕鬆鬆過關，雖然鄭先生的建議我未採納，想想來都來了，還是要勉力一試，但經此一提，卻隱然湧現一股不安的氣息。

第二階段實務操作主持技巧考什麼呢？第二天到考場，真的是硬著頭皮上陣，我單純的以為就是要考生模擬主持拍賣，但事實不然，「拍賣技巧」考試形式是每位考生須主持兩個模擬實際操作標的，每個標的滿分為五十分。考試開始，考生進入考場後，在主考官面前的籤筒中抽取兩個標的的起拍價，考生本人過目後交給主考官，由主考官報出每個標的起拍價，考生依此價開始主持拍賣。主考官宣布起拍價後，考場內會有模擬競買人舉牌競價，並由考生擔任拍賣師報價。在模擬競買人舉牌過程中，有考官舉牌或出價時，考生應優先回答考官問題，這裡面包含許多陷阱題與狀況題，因為在考試過程中，考官對每個標的之實際情況可適當設置價格陷阱。主考官是每個標的最終買受人，當主考官將自己的號牌舉起，考生即進入最後的三次報價和敲槌程序。每位考生須按照《拍賣實務教程》書本上要求的階梯模式，先考「二五〇式」競價階梯，再考「二五八式」競價階梯。考試的目的主要考核考生的綜合素質及基本能力，尤其是考生的儀表舉止是否得體、語言表達是否準確、報價是否敏捷無誤、把握落槌節奏是否恰當，各方面的能力更是評分重點。

我的考試過程因為不了解實際進行的程序而窘況連連，加上主考官及模擬競買人刻意出狀況題，增加考試難度，令我左支右絀難以應對，考試真的是極度的不順利。各位不曉得有沒有考過汽車駕駛執照呢？考汽車駕駛執照不是你會開車上路，就可以考得到的，因為汽車駕駛執照在考試的過程中，有一定的考試套路，例如何時該加速前進，在哪裡要踩剎車暫停，汽車S型前進後退時，後視鏡要對準那一支電線桿，要看哪一個標的物？以上均是汽車駕駛執照考試的套路，唯有先了解考試模式，才能夠通過考試取得駕駛執照。拍賣師的主持技巧考試也是如此，有一定的套路，如果不了解那個套路，其實是沒有辦法過關的，這也就解釋了那天我踏入報到大廳，為何主考訓練教官會以驚訝的眼神看著我，因為我沒有參加「拍賣技巧」考前培訓，更不知道考試套路！

我永遠忘不了當天跌宕起伏的心情，除了對考試模式的不熟悉之外，緊張也是可怕的精神耗損，沒有做好準備一定會讓人緊張，果然，在考試的當下，不用等考官宣布，我就知道一定過不了關。回到休息住處，我緊閉房門，坐在床上，用棉被將自己裹起來，放聲大哭。我深深自責為什麼無法將自己的行程安排好，而以工作事務太忙為由，放棄參加拍賣技巧的考前培訓，是過於自信？是過於輕忽？還是過於驕傲？

拍賣師資格考試中的「拍賣技巧」考試，每個考生上台的時間也就大約三分鐘，就這三分鐘，也可以說是實現職場目標的重要轉捩點。這三分鐘如果表現得好，通過考試，你就有可能成為註冊拍賣師；如果這三分鐘考試沒通過，即使前面三科筆試成績考滿分，也拿不到拍賣師證。「拍賣技巧」這科面試雖然只考三分鐘，但這三分鐘與筆試考試時間總計的四個半小時同等重要，往屆的拍賣技巧考試，一次不通過還有一次當場補考的機會，但目前已取消當場補考，一旦「拍賣技巧」考試不合格，只能來年再考，為這三分鐘，又要等上漫漫的三百六十五天。二〇一四年我只取得了筆試，第二階段的主持技巧，很遺憾考試沒有通過，基於考試規範，筆試成績可以保留一年，筆試通過的成績仍可以保留到二〇一五年，待二〇一五年十一月再捲土重來，挑戰「拍賣技巧」考試。

這段時間「兩耳不聞世間事，一心唯有拍賣書」，因此考試失敗對我來說是個打擊。這是淚的教訓，有如嚴師的當頭棒喝，讓我深深體會沒有準備就沒有成功。我將這次的教訓視為上天給我的禮物，在面對職涯轉換之際，需要有更多的投入與預備，這次事件也影響我對於日後拍賣主持工作採取更為嚴謹的事先安排或籌劃。讓準備成為一種態度！沒有參與工作的事前訓練，代表的是一份不夠周全的能力，當我不斷地檢討與修正時，我覺得自己的懊悔與憂慮就隨著時間在慢慢遞減。我相信這樣的自我要求是有益的磨練，因為我不再以管窺天自我中心，工作中如果再遇挫折，我也會從前期準備中冷靜檢視，看到自己應該要做得更好的地方，做更好的自己。在取得拍賣證照的賽道上，雖然摔了一跤，但仍能迅速地起身，含著眼淚，依然向前奔跑！

拍賣場人生小領悟

成功不是終點，失敗不會致命，重要的是保有繼續前進的勇氣。

20 一樣風雪兩樣情

二〇一四年拍賣技巧考試闖關失敗，隨著時間沉澱，心情稍微平復，次年在二〇一五年十月底，接到拍賣師資格考試第二階段主持技巧補考通知，這是我取得拍賣師證的第四關挑戰，面對捲土重來的局面，不僅需要勇氣，還要抓住每一個準備的機會，我要證明我努力過，盡力過，再也無悔。我的考照之路在第二年仍然充滿荊棘，第一站飛往廣州培訓主持技巧，我如何應對捲土重來的前奏？第二站飛抵北京培訓主持技巧，我又是如何挺過考前的魔鬼訓練？我踏雪前往考場路上，為何要嘆息？在監控螢幕房間裡，傳來的又是誰的歡呼聲呢？考前考後心情的三溫暖，短短一個小時期間，我到底經歷了什麼呢？且容我娓娓道來。

二〇一五年十一月九日我搭乘華航飛香港轉至廣州，這次即便再怎麼忙，都得放下一切，參加考前培訓。十日、十一日接連兩天由主管拍賣師訓練的總教頭鄭曉星先生，先在廣州辦理考前培訓。猶記得是在廣州市公共資源拍賣中心第三會場，講師透過課程，很認真地說明考試模式及進行程序，我在那邊扎扎實實地熬了兩天，反覆練習拍賣技巧考試的細節，還時不時得留意考訓講師刻意出個狀況題企圖讓你出錯，其目的在於累積實際拍賣技巧考試時，考官刁難的臨場反應經驗。我們一般主持拍賣會時，起拍價及競價階梯通常不會有零碎的價格數字，比如說在實際的拍賣會中，一件拍品起拍價十萬元，無論是按「二五〇式」競價階梯或是「二五八式」競價階梯，拍賣官會很自然的反應下一口價是十二萬。但在考試時，起拍價會設定一個零碎的數字，例如十萬〇五百八十元，拍賣官要立即反應下一口價，下一口價依據競價階梯依然是十二萬，但我們往往會被一長串的數字所迷惑，若一時反應不過來，就會稍微遲疑或停頓，平常靈光的腦袋瞬間卡住。練到後來，我都開始懷疑自己的能力了，此時，有位學姐在旁邊看了我一會兒，或許她看到我狀況不穩定，好似被不自信給羈絆住，於是她走過來跟我說：「要有信心！你可以的，加油！」她的微笑有如天使，令人心中一暖。

參加完廣州培訓隔不久，二〇一五年十一月十五日我又飛往北京接受考前訓練，然後就接著令人頭皮發麻的考試，直到二十三日才返台。第二次的考前培訓，我見到許多來自各地的優秀考生，我們各自組成練習小組，總教頭鄭曉星還擔心我這位重考生過不了關，特別幫我組了一個特訓小組，在課間及課後不斷練習，絲毫不敢鬆懈。特訓小組的成員之一是香港佳士得拍賣任職的考生郭心怡，她在日後取得拍賣師執照，成為佳士得首位華人女拍賣官，並於二〇一八年十一月主槌佳士得香港秋拍「唐宋八大家」之一的蘇軾《枯木怪石圖》，以超過四・六三億港元拍賣成交，創下當時中國古代繪畫作品最高拍賣紀錄，表現亮眼。

這段時間的培訓真可謂度日如年，除了要求背誦主持拍賣會的開場白，反覆模擬拍賣的過程該說什麼話？該做什麼動作？也考驗考生們的抗壓性，測試考生上台時是否會緊張。在上課時，培訓老師總是以過去考試的經驗，分享拍賣技巧應試考生台上台下，表現判若兩人的考試故事。當我們在台下當觀眾時，對別人犯的錯誤總能清清楚楚地看到，也知道怎麼改正，但輪到自己上台時，偏偏還會犯同樣的低級錯誤，其中的原因就是心裡緊張，腦子一片空白。有一個考試的經典故事，曾經有位主考官已經將起拍價重複講了四次，考生仍記不住的誇張現象，歸納其失敗的原因，應該是扛不住壓力，過於緊張所導致，而這現象在培訓時卻經常上演。

培訓側重在重複練習三階段的考試內容，這與二〇一四年我第一次參加拍賣主持技巧考題模式均不相同，我得一切重新學習，重新來過。考試分為開場致辭、模擬主持拍賣和快速報價三部分。第一階段是開場致辭，考生須自我介紹並致歡迎詞，然後介紹拍賣標的，宣布拍賣法律依據、拍賣原則和拍賣方式，介紹競買人應價、報價、舉牌的方式和競價階梯，接著介紹「三聲報價」和買定的方式，最後宣布當場簽約及其悔約的法律責任。

考試的第二題是模擬主持拍賣，包括宣布起拍價、邀請競買人應價、確認應價者的價格及牌號的「起拍環節」；其次是「競價環節」，包含以「先報價格再報號牌」的方式報價、競價激烈時，快速報價，可不報價格單位和號牌號碼、競價停止時，確認價格及號牌號碼並引價、正確處理考官設置的價格「陷阱」、準確複述考官口頭報出的價格、正確應對考官舉牌不放或再行舉牌的價格表示，以及確認先出價者的價格，難辨先後的，則從中指定；最後來到「成交環節」，採用「三聲報價」的方式宣布最高應價，應以「第一次」、「第二次」、「最後一次」表示，在宣布「最後一次」後要停留三秒以上，經確認再無人加價且不低於保留價時，落槌宣布成交，並在落槌前，舉手指向最高應價者，視線不得離開其他競買人，落槌成交後，要求買受人再次出示號牌後，確認成交價格和牌號，尤其注意的是拍賣師不應接受落槌買定後的競價要求。

真實考試時，因時間限制，考生們須將起拍價、競價的報價方法、手勢指向的方法，和落槌成交前的三聲報價方法，以及如何落槌的台詞與動作，練到流暢自然，一氣呵成，才有機會通過考試。其中，還有一些規定的特別動作，是考生最容易忘記的誤區，例如落槌時眼睛要環視全場，心中默數三秒，不能急於落槌，需要舉槌時，眼睛不能低頭看槌，看槌就扣分，因此，當我要落槌時，只能用右手摸索桌面找到拍賣槌，摸到後還要一直提醒自己眼睛不能看槌，現在回想，這畫面真是滑稽又有趣。

第三題考的是限時一分鐘的「快速報價」，考生以抽籤方式決定是以「二五〇式」競價階梯，或是「二五八式」競價階梯進行快速報價。若以「二五〇式」報價，起拍價二萬，一分鐘內最高報價不能低於一億元；若以「二五八式」報價，起拍價同樣是二萬，但一分鐘內最高報價不能低於五億元。報價過程單位不可漏報，還要將手指併攏，指向舉起號牌的考官至少三次。這題考的是嘴上功夫，嘴皮子要動得又快又靈活，肺活量要夠，氣也要夠長，否則吞個口水、換個氣，就會浪費寶貴的秒數。這題「快速報價」對年輕的考生較有優勢，而我初始練習時，總是換氣不順，一分鐘快速報價讓我快喘不過氣來。

所有的磨練終於換來要與考官們直面對決的時刻，二〇一五年十一月二十一日，我為了節省前往考場的車程時間，事先預訂了中央財經大學老校區的招待所，房間簡樸但空間很大，空蕩蕩地越發孤寂而冷清的度過考前焦慮的夜晚。次日簡單梳洗後，換上正式西裝與高跟鞋，好似穿上我的戰袍準備要衝鋒陷陣。考生的儀容儀態在實際考試時，往往具有舉足輕重的作用，這是給考官們的第一印象，拍賣技巧考試其實也是面試，考生一亮相，若考官們印象好，考官心裡就會偏向於讓你過關，考試過程中比較不會為難你，甚至會幫你，在你犯錯誤時，提醒你，或給你重來的機會，只要你不出現重大錯誤，考試過關的可能性就很高。如果你一亮相，考官們極其反感，覺得你不適合做拍賣師，他們就想著怎麼樣淘汰你，給你出難題，因此考試時，考生穿著是否得體非常關鍵。

十一月底的北京，氣溫是低的，懷著惴惴不安的心情走出戶外，發現竟然下雪了，我穿著窄裙，腳踏高跟鞋，從接待所走往考場之路，融雪與泥土路是如此泥濘難行，天氣又冷我穿得又單薄，突然有種悲從中來的淒苦，我深深長嘆，問自己為什麼要這麼辛苦？為什麼這麼冷的天，要跑到人生地不熟的地方，連腳下走的每一步都如此艱難？我到底在追求什麼啊？不知道我能不能完成理想，但是我知道即使腳踩泥濘，也必須要前行，沒有退路。

考試沒有人情，二〇一四年拍賣主持技巧考試失敗的陰影仍縈繞不去，走進考場，由抽籤決定考試順序，我心情忐忑地靜候著。即便是我在當時已經主持過多場的拍賣會，但是從來沒有像現在這樣地緊張，等待著驗收培訓成果。有一些關心我的師長們，透過考場的攝影機，在另外一個教室看著螢幕中的我闖三關，當我順利通過後，走出考場，聽到師長們的歡呼聲，衝出教室向我道賀，我這位台灣的重考生終於讓大家都鬆了一口氣。

人生此時頓覺得無比欣喜，外頭依然下著雪，我卻一掃早上的悲苦，雙手捧住天上飄落的雪花，我面帶笑意，心情是美麗的。一樣風雪、兩樣情，我很慶幸自己克服了許多困難，即將走到勝利的終點，距離我想要取得的拍賣師專業證照，僅剩一步之遙了。

拍賣場人生小領悟

每一個失敗都是重新開始的機會，勇敢地去面對你的恐懼，唯有如此你才能超越它。

21 成為台灣第一人

終於要來到五度五關了！雖然已經通過筆試及主持技巧考試，要領到拍賣師執照仍還要再來培訓，為何總有上不完的課呢？培訓的最後一堂課是來場拍賣模擬主持當成最後的考驗，現場會發生什麼事呢？拍攝結業大合照時，排位現端倪，是誰坐在C位？五度五關對我的勇氣獎賞又是什麼？我為何成為台灣第一位爭取參與拍賣師執照的考生、第一批取得拍賣師執照的人？本篇將完整揭曉我如何走完專業養成過程的最後一哩路。

二〇一五年十二月二十八日公布的二十七期拍賣師執業資格考試合格人員榜單上，終於看到我的名字「游文玫」，從二〇一三年努力促成開放考試，到從業證、筆試、面試與無數次的培訓課程，在榜單上看到自己名字的那一刻，努力過程中所流的淚水，忍受蛻變所帶來磨合的痛，在此時轉化為一顆流光溢彩的珍珠，滌蕩心中晦暗的挫折。

要領執照還需再飛來培訓，總有上不完的課。二〇一六年二月二十六日至二十九日，我的最終戰第五關「第二十七期新拍賣師集中面授培訓班」在北京昌平區的泰康商學院國際會議廳舉行，又是三天節奏緊湊的課程。首先登場的是鄭曉星老師對《拍賣師操作規範》做了整整一天的詳細解讀，剖析產業標準的各項具體操作方法，將拍賣師主持操作的產業標準宣傳貫徹給每一位準拍賣師，光聽課還不夠，課後進行測試，測試合格者頒發《拍賣師操作規範結業證書》。其實這些資料在先前各種培訓及參考文件中都已閱讀過，但可貴的是講師的教學精神，以及殷殷叮囑新生的苦心，讓拍賣師新秀登場已對拍賣主持的每一個細節了然於胸。

第一天的課間，主辦單位安排拍攝結業大合照，那一天北京雖然陽光燦爛，但氣溫偏低，我們二十七期所有領證的四七九位拍賣師以及中國拍賣行業協會的主要重要主管齊聚在廣場，將近五百位的人群到底要怎麼安排照相的位子呢？C位當然是留給中國拍賣行業協會的余平會長，因為他是代表中拍協，管理所有的拍賣師，正當我疑惑拍照應該要站在哪裡的時候，工作人員引導了我坐在余會長右手邊，余會長左手邊坐的是拍賣師訓練的總教頭鄭曉星先生，順著攝影師的引導，全體展現最歡喜的笑容，以最開心的姿態迎著陽光，象徵共同走向專業升級的道路，雖然不知道前景的風光是否明媚，但在不斷淬鍊的過程當中，我們都越顯韌性與渴望強大。嫻熟專業的攝影師按下快門，見證了我長達八百天的拍賣師執照取得歷程。拍照排位現端倪，我深信這是一路看著我奮鬥不懈的師長們，給予我的最佳肯定。

第二天二十七日上午的課程是戶外教學，我們來到從事二手車拍賣的北京花鄉拍賣有限公司觀摩學習二手車拍賣市場。根據二〇二三年九月公布的《2022年中國機動車拍賣市場統計年報》顯示，二〇二二年中國機動車拍賣成交六十四．四九萬台，成交額二百七十二．八四億元人民幣，分別較上年增長三十四．七八%、十八．六〇%，市場規模連續五年創歷史新高，雖然二手車拍賣市場在中國的拍賣市場總成交額不若藝術品拍賣，但卻展現穩步上升的成長趨勢。當天參觀的二手車市場占地面積五百畝，按銷售價格區間共分為四大二手車經營區，其中令人印象最深刻的是二手名車匯展廳，現場容納近四百輛的豪華頂級二手車，最低售價三百萬台幣，平均價格九百萬台幣左右，最高價格達到四千五百萬台幣，幾乎涵蓋全球所有頂級品牌的汽車，包括勞斯萊斯、賓利、邁巴赫、法拉利、藍寶堅尼、保時捷、瑪莎拉蒂等夢幻車款，一整個上午大部分的時間我們流連在這群豪車當中穿梭，過足乾癮，差點忘了真正的參訪目的。最後一刻才拉回現實，觀摩專業車輛拍賣大廳運作情況，從拍賣到汽車過戶，一站式服務的快捷便利，由於拍品需買受人記名移轉過戶，其運作流程迴異於我熟悉的藝術品拍賣的不記名移轉，此行參訪增加我對異業拍賣的新認識。

第三天二月二十九日，在頒證儀式之前，主辦單位特別在上午辦了一場拍賣模擬主持，由三位自願上台的拍賣師現場演練。這一堂課是由第一期拍賣師的大學長關海亮老師來指導，每一位拍賣師上台前，會抽出模擬主持題目，其中令人印象深刻的是抽到主持藝術品拍賣的考題，藝術品拍賣往往最常遇到的難題是拍品名稱艱深難懂，如果沒有先查詢字典，一般很難讀音正確，這一場拍賣模擬就恰好遇到這樣的狀況。雖然拍賣模擬只有三位上台演練，可是坐在台下的我們心中很清楚，在台上的拍賣師，不管表現是好或是有疏漏，對我們而言都是一面鏡子，我們看著別人，也看明白了自己，往後無論要面對任何狀況，都不要忘記這一段時間以來，我們所接受的每一個訓練、每一個信念，以及每一個規範。

最後一個時刻終於來臨，通過重重考驗，二月二十九日上午，我踏著愉悅的腳步走上頒獎台，從李衛東秘書長手上，獲得我心心念念想要考取的拍賣師證，輕如鴻羽的證書，握在手上卻感覺十分沉重，捫心自問五度五關的勇氣獎賞應該是什麼呢？是的，就是那份沉重的責任感與使命感，這份感覺是來自於道德規範之於工作上的要求。在《拍賣師職業道德規範》中，內容揭示拍賣師群體應遵行的內容，要求拍賣師在執業活動中，應當遵循公開、公平、公正、誠實信用的原則，忠於職守維護拍賣當事人的合法權益，在競價過程中平等對待買賣雙方，更要勤勉敬業，鑽研不懈，這也成為我日後執槌生涯中奉行不悖的準則。多年來，雖然歷屆累積已有上萬人考取拍賣師執照，但歷經現實淘洗與篩選，最終能留在這個產業而為人所熟知，成為堅持在拍賣台上發光發熱的人物，才是我對自己真正的期許。

返程的飛機途中，我翻看中拍協寫給我們新出爐拍賣師的一封信，信中提到希望我們不僅具有新拍賣師的身分，更要有新拍賣師的視野和思路，勇於突破和創新，守正篤實，久久為功，不僅努力做最好的自己，還要勇於擔當，開創拍賣業的一片新天地。我們經過不斷努力，實現了自己的夢想，成為拍賣行業的新力量！讀到這裡，腦海往事一一浮現，有如走馬燈般歷歷在目，從我聽到遠在西安的拍賣公司老闆祁總在電話那頭對我的鼓勵之言，燃起我考取證照的雄心壯志，直到我真的克服萬難爭取修改考試申請規則，進而面對一連串考驗的開端。雖然在台灣執槌主持拍賣會並不需要專業執照，但我認為這些過程的重點不在於這張拍賣師證，而是為取得拍賣師證而接受培訓的寶貴經驗，以及所加諸於自身的豐厚知識收穫。作為第一位走進拍賣證照考場的台灣人，我撞開了這道門，之後逐年共有六位優秀的台灣學弟妹陸續接棒過關，其中包括香港佳士得拍賣的當紅拍賣官陳良玲。回望當年，所幸最終成果甘冽甜美，其實過程才是令人最難以忘懷的滋味啊！

拍賣場人生小領悟

每一個夢想的實現，都來自於勇敢做夢、熱情追求的人。

2016 年領取中拍協拍賣師證

2016 年春季拍賣會

22 拍賣槌的故事

拍賣槌是每一位拍賣官最親密神聖的良伴，與拍賣官合力演繹每一場拍賣會的故事，想知道拍賣官跟拍賣槌，共同創造出什麼樣的動人故事嗎？拍賣槌之於拍賣官，就好像是寶劍之於英雄一樣，從起拍到落槌，拍賣官如何執槌而能制霸全場呢？

什麼?!拍賣官沒有帶拍賣槌？這種離譜的情況，真實發生在我身上。首先，很慚愧地來分享我的拍賣場糗事，這也是新手拍賣官常遇見的窘境。雖然我在二〇一三年開始執槌，但以往拍賣時，拍賣公司均會事先準備好拍賣槌，因此剛開始我天真的以為拍賣槌是拍賣公司的基本標準配備，直到我第一次應邀到香港為寶港國際春季拍賣會主槌，才發現我太過於大意。二〇一四年五月二十八日下午在香港怡東酒店主持中國近現代書畫拍賣時，上一場的拍賣官與我換場，我一站上拍賣台竟然找不到拍賣槌，頓時我慌了，趕緊向上一場的拍賣官求援，商借她的拍賣槌一用，結果那個拍賣官在遞出拍賣槌時，順口說：「第一次遇見拍賣官沒有帶拍賣槌的……」，我真的是太輕忽了，竟然忘記帶拍賣槌了，這樣的尷尬讓我深深體會擁有專屬於自己的拍賣槌的重要性。

拍賣槌（Gavel）是拍賣官宣布競投結束時使用的小槌，拍賣會就是多個競買人競相向拍賣人發出要約，由拍賣人對代表最高應價的要約，進行承諾的合約訂立特殊形式。競買人的最高應價經拍賣官落槌或者以其他公開表示買定的方式確認後，代表拍賣成交。可見，拍賣官落槌是確認拍賣成交的主要方式，是目前國際上拍賣業所採用的通常作法。深圳博物館永久典藏一九八七年深圳土地有償使用拍賣木槌，是中國近代首次土地使用權公開有償拍賣的紀念之物。

需要注意的是，「落槌」雖是拍賣官主持中最常用的表示拍賣成交方式，但是這並不是唯一的方式，比如在中國大陸拍賣業剛恢復發展的時期，曾出現過拍賣官以敲鑼的方式表示買定的情況。國外很多拍賣官在拍賣中也有不使用拍賣槌主持的案例，拍賣官只要喊「成交」即可表示買定。隨著科學技術的發展，電子技術在拍賣中的應用會越來越普及，電子競價代替了傳統的「舉牌應價」，拍賣官將競買人的應價顯示在電子螢幕上，當出現最高應價時，再也無人提出更高應價，則拍賣官將該應價定格，表示拍賣成交，確認拍賣成交的工作以電子工具來完成，成為另一種競價形式。

自從在香港主持拍賣因沒有隨身攜帶拍賣槌，而被其他拍賣官提醒之後，我一直對於沒有專屬拍賣槌而耿耿於懷。二〇一四年七月，時任世家拍賣總經理馬子謙先生赴上海洽公，我請託他協助帶回一套拍賣槌，由於七月恰是我的生日月，因此這一套拍賣槌我稱它為 Birthday Gavel。對於我的專屬槌我是喜愛的，它用一個紅色硬盒收納，打開盒蓋，黃金燦燦的絲布上，擺放三個物件，一件是木製長柄，頂端圓頭包覆一圈金屬材質，類似立法院長的議事槌，也像是法官開庭的法槌；另一個是單獨一個圓柱體，適合用手掌直接握住，我們稱為手槌，手槌沒有前述長柄型拍賣槌長期久拿不便的困擾，一手盈握比較不會有負擔的感覺，將手槌夾在食指跟中指之間，讓拍賣官的手勢能靈活發揮，落槌姿勢亦較能隨心所欲；盒內的第三個物件是一個共鳴板，也就是拍賣落槌時，受力的槌板，簡約的圓盤造型，當槌與共鳴板互相碰擊發出的清脆聲響，應該是拍賣官耳中的天籟之音。雖然木料材質普通但 Birthday Gavel 是我的第一個夥伴，也是別具意義的生日禮物，有它相伴，拍賣主持、接受採訪、演講教學，我都隨身帶著 Birthday Gavel，因此，它的出鏡率很高。

自從開始執槌登台拍賣，一直渴望能擁有專屬於我的訂製款拍賣槌，這個願望在三年之後才得以實現。二〇一三年在一次拜訪友人聊天的機會中，我不經意地向同宗游姓大哥提及正準備爭取參加拍賣師的考試，他是一位古典家具設計師，旗下的師傅們都專精於古法榫接方式創作具現代感的仿宋家具。游大哥聽完後，突然起身，打開木櫃，取出一塊黑檀木，他告訴我，若我考上拍賣師執照，他就以手上這塊黑檀木，為我打造專屬於我的拍賣槌。當下我十分感動，也立志一定要考取，可惜在考照的過程並不順利，時間一拖三年過去了，及至在北京新進拍賣師結業培訓的現場，我看到通道上中國拍賣行業協會邀請工藝師及廠商，特別訂做了一批帶柄的木槌跟手槌供新手拍賣師們選購，又觸動我想擁有訂製款拍賣槌的心思。如願取得證照回到台灣，第一通電話就是打給游大哥，向他通報我已考取執照的喜訊，也打聽那塊黑檀木還在否？「是的，它還在！這塊黑檀木仍然等著你，它要成為你的拍賣槌！」已經隔了這麼久，那塊黑檀木居然還為我保留，我詫異不已，現代社會一諾千金的人已然不多了。

隔了幾個月，我終於收到這一組訂製款黑檀木拍賣槌。黑檀木，是檀木家族中的瑰寶，以其深邃如夜的色澤著稱，油亮透光的黑色木紋，在緊密的木質結構中絲絲遊動，含蓄而不張揚，黑檀木料稀少，生長期緩慢，是自然界賜予的藝術品。由於黑檀木其質堅硬如鐵，手工加工頗為困難，黑檀木拍賣槌無論是長柄拍賣槌或是手槌，握起來手感堅實，稜線分明，線條較為陽剛氣；共鳴板造型有如一朵白雲，板面邊緣還刻意雕出裝飾捲雲紋，十分典雅。我為這套緣分極深且得來不易的拍賣槌套組命名為「千金槌」。這個稱號代表著三個意涵，一來是彰顯女性特質，「千金」喻貴重之意，對別人的女兒稱為千金，含有大家應予愛護的隱喻；二來是凸顯藝術品拍賣官的職業特性，往往拍賣落槌就代表拍賣品「一槌值千金」；第三項意涵就是紀念與感謝同宗大哥「一諾千金」贈予黑檀木之誼，即便已時隔三年，曾經許下的諾言具有千金價值。由於黑檀木質硬度及密度比較高，敲擊「千金槌」，聲音鏗鏘清脆，我特別珍愛，較不輕易示人。

一七六七年，蘇富比拍賣的創辦人山姆・貝克（Samuel Baker）正式與喬治・利（George Leigh）合夥經營蘇富比。喬治・利擁有演員般的敏感度，對時機拿捏恰到好處，彷彿生來就應該成為拍賣官，他的專屬象牙拍賣槌至今仍在倫敦蘇富比展出。除了一般我們看到的拍賣槌形式，我還用過非常特殊的落槌工具，二〇一五年一月十八日，我受邀主持二〇一五新象春季拍賣會，這場拍賣會是在表演藝術界執牛耳的「新象藝術」首次跨足拍賣產業。當天在富邦人壽大樓國際會議中心，我負責主持文玩金石專場，新象負責人許博允先生以其在音樂表演界天王級的輩分，提出了以迷你版的小木琴代替拍賣槌，讓拍賣官在落槌時，敲擊出不同的音階，以樂器代替拍賣槌，果真是表演藝術界起家的拍賣公司，連拍賣官落槌的方式都如此獨樹一幟。

拍賣官有了拍賣槌，在拍賣場上最期待的應該是聽到落槌那一刻的激昂響聲，我總是習慣在上場前跟拍賣槌說兩句話，期待它能為我帶來好運。拍賣官的關鍵思維是三聲報價再落槌成交，但是在拍賣實踐中，拍賣官在落槌表示買定之前，依照拍賣業的慣例，通常會採用「三聲報價」，確認再無人出更高的價格。無論是落槌表示買定，還是以其他方式表示買定，拍賣官都必須採公開的方式來表示拍賣成交，這是拍賣活動公開、公平、公正和誠實信用原則的必然要求。

看似簡單的落槌動作，卻往往是爭議之所在，拍賣官在落槌前，為了預防沒有看到場內的買家舉牌，卻已落槌，習慣倒數三聲報價之後，再向左向右環顧全場，確認台下再無買家舉牌，才會落槌，以免引發買賣之間的糾紛。有趣的是，就因為有三聲報價後才落槌，有些競買人非得聽到拍賣官第三次複誦報價時，才表示再加一口價，為了因應這類型的買家，我在第三次複誦最高應價時，都會多停頓幾秒。我也曾遇過落槌與競買人舉牌同時的情況，此時拍賣官可以判斷是否要繼續拍賣，或是結束此件拍品的競拍。不過若是已經落槌之後競買人才舉牌加價，拍賣官可以拒絕加價結束拍賣，總之，在落槌時是否代表結束此項拍品競價，決定權均以拍賣官的宣布為準據，拍賣官代表拍賣公司具有裁決權，決定舉牌是否有效，這點我會在主持開場宣布注意事項時，讓場內的買家理解規則。

英雄要配一把寶劍，才能夠行走江湖，拍賣官要配一組拍賣槌，才能縱橫拍場。拍賣官槌不離身，身不離槌，以雷霆萬鈞之勢，敲出的每一個落槌聲，傳遞對藝術的無比熱愛。

拍賣場人生小領悟

工具的力量在於使用它的人，選擇合適的工具，就等於選擇了成功。

2015 年新象春季首拍

拍賣官最常使用的是手槌

游文玫的生日槌是第一個自用槌

游文玫的千金槌

23 藝術拍賣的女力思潮

走過後疫情時代，在璀璨的煙火中，時序來到二〇二四年，這是回望過去、迎向未來的交會時刻。我隨手從書架上翻出一本時尚雜誌 *PRESTIGE* 二〇二三年十月號，其中有一篇主題為「藝術拍賣的女力思潮」，登載我與其他香港女性拍賣官的執槌現場照片，凸顯藝術圈逐漸看到的女性力量，除了女性藝術家在市場上大放異彩之外，在亞洲的拍賣市場中發現新一代的女性藝術拍賣官，以迷人的風姿顛覆長期由男性主導的職業形象，創造另類觀點的「性別平等」。文玫能代表台灣的女性拍賣官與國際重要拍賣公司女性拍賣官並列，發跡及淬鍊卻也是經歷超過十年之功。

的確，女性拍賣官在近年的藝術拍賣市場，絕對是一個眾所矚目、不可忽視的名詞。在二十世紀之前，拍賣市場上只有男性拍賣官，到了一九五九年，女性拍賣官才正式進入這個領域。世界兩大拍賣行蘇富比與佳士得在很長的一段時間，大多由男性擔任拍賣官這個角色，究其原因可能是由於過去既定的印象讓拍賣官的角色必須要擁有「權威感」，所以傳統上以男性為主的印象讓人根深蒂固，就這一點來說，男性是相對有利的。十年前的性別配比，只有三成左右的女性拍賣官，在以男性為主導的拍賣市場上，女性拍賣官的存在，其實還是有一定程度的瓶頸。近年在拍賣產業有意地推動拍賣官的性別配比平衡策略下，拜社群與網路蓬勃發展之賜，女性意識也跟著抬頭，如今女拍賣官的數量接近總人數的一半。女性拍賣官在知性溫婉的形象之外，亦能展現剛柔並濟、果斷犀利的拍賣風格。例如美國著名女拍賣官布魯克・蘭普利（Brooke Lampley）、有著典型英倫氣質的喬治娜・希爾頓（Georgina Hilton）、被稱為蘇富比當代藝術夜場拍賣王牌的安德列婭・費辛斯基（Andrea Fiuczynski）、一九八八年入職的女拍賣官海倫娜・紐曼（Helena Newman）等，都是享譽拍賣界的著名女性拍賣官。她們獨特的肢體語言，優雅中透出一股特別的英氣隱現，看似不帶殺伐，卻極其俐落的風格，在拍賣現場別具吸引力。

從女性的角色再往下深入探討，「職場性別平權」一直是近十年來台灣社會廣泛討論的議題，政府也透過修訂《性別工作平等法》來提倡性別平權。有鑑於台灣社會在職場上達到實質平等仍有進步空間，二〇一五年十一月九日，我受邀拍攝「一〇四年行政院性別平等微電影徵選」推廣影片，因為拍賣官的傳統性別比例失衡，我以女性角色在拍賣業界算是較為特殊的存在，影片以職場裡的性別平等為題，由我分享「女性」藝術品拍賣官的執業現況。

由於我在藝術拍賣市場的「女力」角色，召喚不可思議的跨界合作機會，陸續顯現藝術品拍賣官與美麗形象代言的獨特優勢，其中不但有化妝品廣告，還有護膚廣告，更引來醫美廠商的關注專訪。二〇一八年九月十八日我登上了九月號*Beauty*雜誌，那是資生堂國際櫃化妝品廣告，標題「極上美學的執念」，從一生懸命的藝術追求，對於「美」我絕不妥協為切入點，以藝術印證我對美感的要求。採訪拍攝當天，除了拍攝工作團隊準備服裝梳化之外，我還特別商借珠寶佩戴點綴，收畫龍點睛之效，或許這就是女性拍賣官藉由服裝外型變化，視覺感也相對豐富，增強吸睛的魅力。

資生堂國際櫃化妝品廣告連續出擊，二〇一八年十一月八日出刊的 *Beauty* 雜誌十一月號，其中以「上乘膚質不怕你鑑賞，人生每一刻都聚光」專題訪問，運用生動的文字，表現拍賣場景與美的故事。且讓我為各位引述一段精彩內容：「『現在來到六百萬，有沒有人加到六百五十萬？』游文玫拍賣官為我們示範拍賣會上，如何掌握住四、五百位藏家的心。她手比著最後出價人，眼神卻看向另一個猶豫的買家，目光如鷹，氣勢如虎。那一瞬間，全場感覺被她緊緊揪住！拍賣會匯集了許多大老闆、藝術界人士，拍賣官要有公正的權威，否則會受到台下的質疑，她曾站在台上八小時不休息，只為了 hold 住熱絡的買氣。」；「拍賣會帶來的壓力不容小覷，游文玫拍賣官在每次戰役前夕都會進行保養小儀式，幫助她進入備戰狀態，……，肌膚由內而外的潤澤和光采，一站上台，發光好膚質抓住全場目光、氣勢搶得先機，好像暗示著眾人：『在這裡，我說了算，沒第二句話！』」

自然美護膚自從被東森集團收購之後，憑藉著遍布各地的據點以及大樓電梯廣告代理商加乘的優勢，邀請名人或專業形象女性護膚體驗，在二〇二〇年三月十五日我也獲邀拍攝以「相信自然，相信美麗，也相信自己！」為主題的短片。拍攝過程中確實體會到工作團隊極為用心呈現主角的最佳狀態，只是拍攝護膚情節時，周邊圍繞太多工作人員，拍賣官我偶包作祟，一時難以放鬆享受護膚之樂。影片完成之後，安排在許多大樓公設電梯電視螢幕播放，雖然大部分的人並不知道我是誰，於我而言，仍是個有趣的經驗。

全球最大的醫美級肉毒桿菌品牌「愛力根」在二〇二〇年接受了公關公司的企劃提案，以「美的精準度」為題，採訪規劃讓身處不同領域的藝術品拍賣官與從事醫美的醫師，對談彼此對「美」的觀點與領受。*PRESTIGE* 品雜誌國際中文版五月號刊登我與皮膚專科醫師吳敏綺院長的專訪稿，由於我並非醫事人員，不能為醫藥宣傳，而是以拍賣官主持拍賣所需掌握的精準度，對應肉毒桿菌在醫美發揮的精準度效果交互聯想。我透過與吳院長聊天，增長了醫美知識，原來過去常聽到醫美界所謂的美國肉毒桿菌已是肉毒桿菌素的黃金治療標竿，精準作用在細小部位，可讓臉部自然而不做作。在輕鬆的交流中，我才知道喜愛藝術的吳院長也曾開過畫廊，對於藝術與美的看法，真實反應在她從事醫美的觀點，她認為做醫美的宗旨不是把一個人變成另一個人，而是幫助求診者找回個人專屬的特色與自信。

女性拍賣官如何建立品牌形象呢？上述分享以美為主題元素的異業合作，是極佳的範例。猶記得先前我在參加拍賣技巧考試的時候，就有講師分析為什麼拍賣技巧考試時，漂亮女性通過率較高，這與其對於外表的自信，習慣成為社交活躍的中心，具有一定的關係。因為拍賣官是拍賣活動的主持人，拍賣官在台上主持拍賣，是眾目聚焦的對象，是拍賣公司的形象代表，是拍賣產業界的公眾人物，不僅在外貌形象要時時維護，還要展現專業，從銷售技巧、價格策略和情境規劃，到語氣和拍賣節奏的所有內容，均要駕馭得體。

人們既定印象會認為，女性的特質是柔軟大於陽剛，所以女性拍賣官怎麼會有辦法制霸全場呢？但其實在拍賣市場上，已經看到不少專業工作由女性來擔綱，而拍賣官也一樣，在亞洲的拍賣市場已經成為相當受關注的新興存在。女性天生敏感，能觀察到許多幽微的現象，尤其在面對許多不確定因素時，仍能兼具沉著與激昂，女性拍賣官確實比較細心，在情緒與節奏的掌握上可以創造比較好的效果，甚至在抬高最終拍價上，女性拍賣官往往會運用女性優勢，以軟調溫婉口語，邀約競買者拉抬拍價，因為坐在競買席上的買家大都為男性，有時候我也會運用這種引價技巧，詢問有意競價卻仍猶豫不決的買家，還願不願再加一口價？通常獲得正面回應的比例相當高。在瞬息萬變的拍賣現場，女性拍賣官有時英氣逼人，有時笑顏以對，在衣著打扮及形象塑造上，相較男性拍賣官更有可看性，這是女性的特點，更是女性拍賣官能夠占據視覺「嬌點」，成為拍場「亮點」的重要原因。

可以溫柔，也可以堅強，搭上女力思潮站到浪頭，我將順勢迎上！

拍賣場人生小領悟

美的定義就是能夠自在做自己。

主持拍賣駕馭全場

第四篇　萬中選一的拍賣官特質

24 健壯如牛談體力

拍賣會是買家競爭拍品的競買場域，買家們除了口袋中準備的錢要足夠支撐競價，也需要投注時間出席或是在線上觀看拍賣會直播，但買家們可依照圖錄上的編號順序，推算拍品競拍上場時間，以評估何時需要停留在現場競買，不用全程參與，行動不受侷限，且來去自如。現場其他工作人員雖是需全程執行任務，但有椅子坐，體力負荷相對輕鬆，只要有人臨時接替，便可暫時離開工作崗位。而拍賣會進行過程中，只有一個人全程不能離開崗位，必須從開始拍賣的第一分鐘，堅持到最後一分鐘，最需要具備體力、耐力、忍功的角色，那個人就是「拍賣官」。有人問我，拍賣官需要具備哪些特質？我認為，拍賣官第一個需要具備的特質，就是「健壯如牛」。

論體力，一場拍賣會時間有多久？論耐力，女拍賣官腳下藏著什麼祕密呢？論忍功，聽說有拍賣官包尿布上場，是真的嗎？拍賣官在拍賣主持現場保持體力的祕訣，究竟是什麼呢？我曾經以「拍賣官的超強續航力」為主題，訪問過同為拍賣官的戴忠仁，聊聊男性拍賣官與女性拍賣官在主持拍賣會時，面對體力、耐力、忍功的考驗時，各有什麼妙招因應。訪問一開始我就以網路上新聞標題：「比訪陳進興更勇 戴忠仁曝八小時『持久』紀錄」，說明為何找他談拍賣官超強續航力的話題。事件緣由是他受邀擔任藝術拍賣公司的拍賣官，從中午十二點起準備預演，直到晚間八點拍賣結束，期間獨自完成了三場專拍，只去了洗手間一趟，停了兩回各五分鐘的休息時間。過去戴忠仁在擔任電視台新聞部主播期間，曾因訪問陳進興綁架南非武官人質一案，連續坐在主播台上播報七小時，這回拍賣站了八小時，創下他個人的特殊紀錄。

但這樣的長時間持續主持拍賣紀錄，並非僅有男性拍賣官可以做到，身為女性拍賣官的我，也曾經在二〇一五年五月三十日主持「臺灣吉祥門 2015 年首屆藝術品拍賣會」時，寫下連續八小時不間斷地主持拍賣會的個人紀錄，期間完全沒有暫停休息或是去上洗手間。我常在演講中提到，別看拍賣官在台上威風八面，實際上，那是個嚴酷的體力考驗，沒有健康的身體、超強的體力，是無法勝任此工作的。我完全可以理解為何拍賣官不敢也不想休息，因為拍賣官往往就只有一個人，如果拍品數量多或者買氣熱絡、競爭激烈時，若因拍賣官體力受限，中場休息時間拉長，則競買熱度很容易潰散。尤其當前有許多買家是在直播線上觀看拍賣會進行，中場休息或停頓太久，會讓遠端客戶失去耐心，離線或消耗競買熱情，買氣停頓冷卻後，要再激發買氣，拍賣官將會非常費力。所以，拍賣官大多會選擇堅持下去，而不願休息，這是拍賣官首先要克服的體力考驗。

拍賣時間這麼長，難道拍賣官不用上洗手間嗎？是的！接下來我們來談談拍賣官的忍功。每場拍賣會的拍品數量動輒幾百件，拍賣時間長達五、六個小時，在較大的藝術市場如中國、歐美等，一場拍賣會拍品數量也往往高達千件，在國外多是三、五位拍賣官輪番接力上場，但在台灣卻常是一人獨撐全場，中間沒有休息時間，體力與耐力也是拍賣官需要跨越的一大難關。以前在接受拍賣官培訓時，就曾聽聞有拍賣官以防萬一，穿了紙尿褲上場，避免中途尿急想上洗手間，而將場面急凍的危機，你可以當作趣聞，但背後所代表的是拍賣官面對工作，嚴肅挑戰的一面。

也曾經有人好奇地問我，拍賣官在拍賣時可以喝水嗎？答案是「當然可以！」雖然全程不停地說話，容易口乾舌燥，但真實狀況是我會儘量少喝，即便口渴也只能稍微喝一點水潤喉。現在的我，已經能堅持五小時持續主持而不用喝水，一來是為了防範中途尿急，拍賣官減少水分攝取是必要的節制，二來是擔心喝水時，拍賣節奏會停頓。通常我的主持時間安排在下午，我會先在上午多喝水，下午我就儘量少喝，純粹的白開水是最好的選擇，也有的拍賣官會泡西洋蔘來補氣，我則沒那麼講究，但會避免喝茶及咖啡等利尿的飲品，以免臨時打亂拍賣節奏。拍賣官講話講多了，水又喝少、又得憋尿，其實很傷身、很耗元氣的，但面對拍賣公司的付託及責任感驅使，拍賣官們只好先暫時忍受煎熬，待完成任務後，再吃好、喝好，犒賞一下辛勞的自己。

如果讓你站八個小時，你的腳會不會酸？在我與戴忠仁拍賣官的訪談對話中，我抛出了這個小問題，不過這也是個有趣的問題。通常拍賣官因為拍賣情緒激昂，腎上腺素大爆發，即使站如此之久，也還能挺住，頂多兩腳重心稍微互換，利用拍賣台的遮蔽，巧妙地變化姿勢。戴忠仁拍賣官的應對經驗是，上場時最好選擇最習慣的那雙鞋子，不要穿新鞋。女拍賣官則狀況稍微複雜，因為有的女拍賣官是穿高跟鞋上場，而我就是屬於會穿高跟鞋上場的拍賣官。愛穿高跟鞋的我也有陰溝裡翻船的小糗事，有一次，拍賣時間太長，已經超過五小時，就想偷偷的將高跟鞋脫下，但是如何一邊持續拍賣節奏，一邊脫鞋子，而不被現場的買家發現呢？原本穿高跟鞋，脫了鞋子，在視覺上，高度馬上矮一截，於是我一心二用，持續報價主持，台下的腳先脫一隻鞋，刻意將身體還撐在原來的高度，然後等這個拍品結束，準備下一個拍品，大家都在翻看圖錄，沒人注意的時候，換腳趕快把另外一隻鞋也脫下來，如此，即使矮一截也沒人會察覺。

當拍賣主持近尾聲的時候，問題來了！我如何將高跟鞋穿回去？脫下來容易，穿回去有一點難啊！拍賣節奏不能間斷，口中報著不斷攀升的價格，無法彎腰找鞋，只好用腳去摸索我的鞋子在哪裡，待兩隻鞋都找到了，先穿好一隻腳，但是我仍維持原高度，一樣在換拍品的時候，趁人沒留意將另一隻腳踩上高跟鞋，我突然又長高了六、七公分。這應該是女拍賣官藏在腳底下的祕密吧！經此一試，深感邊拍賣邊用腳找鞋，找不到鞋的風險太高，暗暗告誡自己，形象為要，下不為例。

你有聽過拍賣官在拍賣台上昏倒嗎？真的有，而且那位創台灣拍賣史上紀錄，在拍賣台上昏倒的拍賣官，就是我！巨大響聲，震驚全場。這就是我為什麼要特別強調拍賣官體力的重要性，在上場之前，真的要做萬全的準備，絕不能輕忽。那一天，在拍賣前，因為沒有飢餓感，午餐僅簡單吃幾口就上場主持，在主持近六小時之後，僅剩最後三件拍品，此時，大概血糖降低了，眼前一黑，就昏倒在地。台下的買家發現拍賣官突然不見了，當大家還在納悶時，我已迅速清醒恢復，起身走回後臺。從此之後，不敢仗著體力好不吃午餐，上場前一定要吃飽，而且把便當內所有飯菜都嗑完，拍賣公司也很貼心的在拍賣台上放幾顆巧克力，雖然之後我再無此情況，但慘痛教訓謹記在心，殷殷在懷，不敢或忘。

在經歷百場以上的拍賣會磨練，我曾大約估算，平均每場主持時間約為五個多小時，這期間全程站著、手勢不能停、說話不能停、腦袋要運算報價不能停，還要兼顧優雅與氣勢，所以我才會說，拍賣官需要具備的第一個特質，就是「健壯如牛」。

拍賣官在體力跟腦力的雙重壓力之下，憑藉著自己的意志力，完成了一次又一次的完美落槌，拍賣官們所展現的超強續航力，以及高標準的自我要求，想企及的，無非是「The best of the best」的登峰境界。

拍賣場人生小領悟

唯有挺過百般的試煉，才能淬鍊更強大的自己！

25 悅耳繞梁談聲音

「聲音」是傳達感情的溝通工具，也是拍賣官的另一張臉孔，聲音也是拍賣官與競買人之間溝通對話、控制場面、掌握節奏的利器。拍賣官聲音的輕重、快慢、高低、長短、聲線，往往成為競買人是否繼續加價的關鍵因素。希臘哲學家蓋倫（Galen）說：「聲音是一個人靈魂的反射鏡。」聲音的魅力，不僅僅在於向外界傳遞有聲的訊息，更在於他人面前提高和建立自己的形象，顯示出個人的良好品行，給人優雅的印象。透過聲音，拍賣官創造屬於個人的影響力、溝通力與「聽覺形象」，簡而言之，我認為拍賣官的特質之一，就是需要具備悅耳繞梁的聲音。

一場長時間、高強度的藝術品拍賣會，拍賣官首先面臨的問題是要如何維持聲音飽滿宏亮？如何避免聲音低沉沙啞呢？這有賴於技巧的掌握與發聲的鍛鍊過程。如果拍賣官不熟悉如何正確發聲，往往拍賣會連續報價兩或三個小時之後，就會產生喉嚨發緊、聲音趨弱的現象，更糟的是聲音開始沙啞，這不僅影響拍賣官主持的流暢度，也會讓現場買家聽了不舒服，連帶也讓自己陷於緊張窘迫的局面。

二〇一三年七月十日至十二日，我受聘擔任漢光教育基金會舉辦「文化點燈創藝巡迴營」的文創組導師，同梯的講師有詩詞組導師唐文華先生，唐文華是著名的京劇頭牌老生、國立傳統藝術中心國光劇團一等演員，也是當代臺灣京劇老生首席名角。由於當時我對於擔任拍賣官的事務已開始準備，趁著課間休息，我抓緊機會請教唐老師：「京劇演員練唱功、吊嗓子，通常沒有使用麥克風，可是你們的聲音為何可以貫穿整個場域，到底是怎麼樣做到的呢？」唐文華面帶微笑跟我說：「丹田！丹田！丹田！」他告訴我就是運用丹田發音發聲，如此嗓子不會有負擔，也不會有聲音沙啞的狀況，但是知易行難，如何用丹田發聲，還得自己去揣摩。我沒有天生一副好嗓子，就只能在日後的拍賣場上，摸索丹田發聲技巧。一旦掌握要訣，之後即便連續主持五個小時以上，仍能保持聲音宏亮，也不會有聲嘶力竭、語音失真的情況。京劇大師指點發聲技巧竅門就是運用丹田，從此，「游文玫是從主持第一件拍品到最後一件拍品，都能維持一致飽滿聲量的拍賣官！」就成為拍賣場上眾人對我的主持功力評價。

拍賣官在上台主持前，跟聲音有關的準備工作極為重要，一項是跟人有關，另一項則是跟物有關。先說說跟人有關的準備，說穿了其實很簡單，但也很困難，那就是必須確保自己身體健康，不能感冒生病。試想，若是拍賣官主持時咳嗽不斷，拍賣公司老闆還敢找他主持嗎？所以拍賣會前半個月，我會特別留意自己不要受涼生病，尤其是在二〇二〇至二〇二三年新冠肺炎大流行期間，總是擔心在拍賣會期間染疫而無法勝任工作，人多的飯局聚餐都儘量婉拒；另一個跟人有關的準備功課是如何護嗓，眾拍賣官們各擁祕方不一，有的人嚴禁菸酒、油炸、辛辣、刺激性食物，也有的喝中藥茶飲護嗓，我剛開始主持拍賣會初期，總是會喝點枇杷膏才上陣，現在則沒那麼講究，枇杷膏也不喝了，反而更注重上場前如何開嗓。通常我會在開車前往拍賣會場的途中，在車內大聲練習競價階梯的背誦，然後自言自語練發聲，或是唱歌，開嗓方法沒人教，就是自己揣摩土法煉鋼，最近聽了一場演講才知道用吸管對著寶特瓶裡的水，吹一口長長的氣，讓瓶裡冒出水泡泡，也是一種開嗓良方。

接著，再來說說拍賣官在上台主持前，跟物有關的準備，那就是拍賣官要審慎選擇麥克風的形式。麥克風音效是拍賣官在主持拍賣會的過程中，最重要的輔助工具，往往我都會要求拍賣公司提供我耳掛式麥克風，這種麥克風體積小，讓我在沒有阻礙的狀況之下，自如地展現我的拍賣手勢，也不會遮擋我環視全場的視線，拍照的時候也能兼顧拍賣官臉龐的美感。手持式麥克風或立架式麥克風不利於拍賣官工作，至於領夾式麥克風我也不建議使用，其收音效果容易受到拍賣官誇張動作所干擾，常有音量不穩定現象。近年，由於拍賣會在網路直播的需求，拍賣官身上除了要配戴耳掛式麥克風發聲，還要別上領夾式麥克風收音，腰間懸著兩顆麥克風主機，沉甸甸地，總覺得自己像是要上戰場的士兵，腰間綁著兩顆手榴彈，任務是引爆買氣。

有經驗的拍賣官都知道，上台前一定要檢查麥克風的狀況，千萬不能大意。通常測試麥克風時，拍賣大廳是無人的狀態，音響效果與實際拍賣現場坐滿買家時有所不同。因此，拍賣官在測試麥克風時，要考慮音量大小及回音與氣爆音等問題，臨上場前若有機會，為保險起見，建議還得再試一次，我看過很多失敗的案例，明明前一天試音都沒問題，可是到現場麥克風卻臨時發生各種狀況，這不僅有損拍賣公司團隊工作嚴謹的形象，也會引起買家們的不耐煩，首當其衝最窘的那個人就是拍賣官。如果拍賣官使用的麥克風裝備是需要電池的話，上場前務必再次確認電池的電力是否滿格，一定要跟拍賣公司的工作人員要求換上全新的電池，我曾見過為了貪圖方便或是省小錢，拍賣公司將上一場拍賣官使用的麥克風持續讓下一場拍賣官使用，由於拍賣時間大都很冗長，結果在第二位拍賣官主持到後半段時，麥克風電力不足，拍賣被迫中斷換電池，這都是拍賣會進行中，不容許犯下的錯誤。

當萬事俱備，準備要登場，拍賣官還有一個重要的人得去打個招呼，那就是音控師。常聽人家說，女明星或是女主播都要巴結燈光師，才能在鏡頭前永保光鮮的最佳狀態，而拍賣官也要對負責麥克風音效的音控師更加尊重，這是一樣的道理。在上場前，對於剛合作的音效人員我會特別去建立一下默契，約定待我主持時間超過四個小時之後，請音控師務必留意我的聲音狀態，視當下情況調整麥克風音量再推大聲一點，如此，即便是主持的時間很長，透過麥克風的聲音擴散，也能維持完美的聲量，保持專業的聲音形象。

你以為一切都準備好了，麥克風就不會發生什麼突發狀況嗎？千萬別這麼篤定，因為我確實遭遇過一次慘痛的經驗，已經開場但麥克風臨時失靈，拍賣官該怎麼辦？猶記得某次有一家新開的拍賣公司找我主持拍賣會，舉辦的場地是我不熟悉的，連工作人員也都是全新的，這對拍賣官來講，真是個挑戰。於是我按慣例檢查了麥克風設備，但是當開始主持拍賣會的時候，狀況發生了！麥克風突然嘰嘰作響，發出尖銳的聲音，工作人員手忙腳亂調整了一番還是無法消除那尖銳的聲音，於是只好將拍賣會的程序稍微推遲中斷，我看到音控人員及拍賣公司的人員急著處理麥克風音響的狀況，我在台上等了一下，但還是沒有辦法克服麥克風發出怪叫的聲音，由於現場買家已經面露不耐的表情，加上拍賣公司老闆也急著催促著我要趕快進行拍賣會，但是沒有麥克風音效到底該怎麼辦呢？基於責任心的使然，我決定用原聲主持拍賣會，雖然拍賣時間不是很長，但是大約兩個小時未使用麥克風輔助設備進行拍賣，對於買家情緒的掌握度、報價的清晰度，都甚為吃力，最後在聲嘶力竭的狀況之下完成了拍賣主持，但是我卻為了這兩個多小時付出了「燒聲」的慘痛代價，之後連續兩個禮拜喉嚨都非常地不舒服，經慢慢調理，才得以恢復清亮的聲音。失敗往往是最好的老師，經過這次教訓之後，對於麥克風的檢查再檢查，確認再確認，成為行前必須完成的程序，而那些不明所以的突發情況，我也養成拍賣會前，去附近土地公廟祈求平安的習慣，盡人事、聽天命，只能儘量樣樣周到了。

拍賣官如何用聲音控制買家情緒呢？孟子曾有言：「徵於色，發於聲，而後喻」，這是告訴我們說話要表現在神態上，表達在言詞中才能被人理解。同理，拍賣官透過神態及聲音，表達交易實況，進而調動買家情緒。拍賣官應該要展現充滿活力的飽滿聲音，掌握速度、溫度及力度，才能透過聲音傳遞能量和情感，讓買方產生安全感，進而建立信任感。簡而言之，優秀的拍賣官在聲音的表達上，可歸納為四個重點，一是語彙、二是語速、三是語種、四是語調。

語彙的運用是促進拍賣官與買家之間溝通交流的第一步。雖然所主持的藝術品拍賣會，拍品本身往往具有深厚的文化內涵，也蘊含了豐富的專業知識，拍賣圖錄上也常常對於拍品的專業知識或相關資料撰寫詳細的文字，但是拍賣官在現場主持時的語彙運用，必須留意將文字轉換成口語來表達，口齒要清晰，運用的語彙要讓大家聽得簡單易懂，不要照著圖錄資料上艱澀難懂的文字念稿，避免現場的買家聽不懂拍賣官到底在說什麼。

拍賣官的語速若能配速得當，更能掌握買家情緒，就像一首交響樂章，時而低吟慢聲醞釀聽者情緒，時而快速激昂帶動高潮。二〇二一年三月三十日，我受邀出席一場「傾聽全球拍賣聲音」國際連線論壇，主辦單位邀請美、中、港、台四地拍賣官透過APP平臺，在線上分享國際化拍賣官職業成長的歷程與經驗。其中，與會出席的美國拍賣官代表是二〇一一年美國國際拍賣官大賽冠軍約瑟夫．馬斯特先生（Joseph Mast），他的專長是古董車拍賣、純血馬拍賣、標準種馬拍賣和阿拉伯馬拍賣，由於拍賣時間上的嚴格要求，約瑟夫．馬斯特在拍賣場上主持的報價語速之快，連我們專業的拍賣官都自嘆弗如，堪稱「神乎技矣」。

飛快的報價速度我們稱為「唱價」，必須透過非常艱苦的訓練，才能夠達到的功力。當年我參加拍賣官主持技巧考試時，其中有一項考題是以「二五八式」競價階梯快速報價，起拍價從二萬開始，一分鐘內最高報價不能低於五億元，才算過關，為節省換氣時間，我憋著氣唱價，差點一口氣喘不上來。當時還未能理解為何要考這項快速報價，事實上就是訓練拍賣官在面對現場競價非常踴躍時，拍賣官報價速度要跟得上眾多買家舉牌競價速度，還得精準報價。當然拍賣官也不是從頭到尾的語速都要維持很快，也須預留買家思考加價的時間，當買家加價速度趨緩時，拍賣官也要適度「引價」，視現場狀況去調配語速，快慢有據，如此才是一位稱職的拍賣官。

在表達能力方面，還有一項就是語言的運用，如果拍賣官擅長多項語種，且能自如運用表達的話，將是拓展拍賣場域侷限的有利條件。例如拍賣官會華語及英語，雙語的拍賣官肯定較吃香，又或者有一些國家幅員遼闊，拍賣官除官方語言還能兼擅地方方言，如此接地氣的拍賣官也是極受歡迎。

專業拍賣官的聲音蘊含表情，較容易引起買家共鳴，越是悅耳的聲音，越能引起買家的興趣。試想，一場拍賣會往往耗時甚久，若拍賣官的聲音平淡無奇沒有抑揚頓挫，當競買人在舉牌的時候，拍賣官沒有表現出興奮的語氣，整個拍賣場將會非常沉悶，而且會讓買家心生疲倦感；若拍賣官的語言能展現豐富度與生動感，搭配合宜的語調跟語速，則能激發買家購買的慾望。男性拍賣官的聲音優勢是較具權威感，女性拍賣官也常善用女性特質，買家受到女性拍賣官以撒嬌語氣的加價邀約，可能就會多加一兩口價錢，這種案例在拍場上經常可見。

知名的作家同時也是藝術家的劉墉老師，無論身處台灣或是在紐約，經常透過拍賣直播，觀看我所主持的拍賣會，即時反饋他對拍賣過程的意見，並給予鼓勵。二〇二四年六月底，劉墉老師傳來訊息：「在紐約隔海觀賞今天的拍賣，你聲音還是那麼亮麗好聽，祝福！」台灣早期投入拍賣產業，創辦拍賣公司也擔任拍賣官的黃河老師，給予我的主持評價是：「主持聲音耐聽，經久不倦！」歸納其中的要訣，應是我對於語速、尾音與轉音的細膩掌握吧！當我以快節奏進行拍賣時，會以語速表現急促及競價的熱烈；當拍品來到高價位時，我也會提高聲量，用聲音表現激昂的情緒；當競價速度放緩時，我也會適度放慢語速，稍微等候買家思考。拍賣官豐富、生動的語言，通常能使競買人興致盎然，《心理學使用說明書》書中曾提及一項數據，指出一個人呈現出來的外在印象，有七％來自言語，三十八％來自說話的方式和聲調，五十五％來自表情和態度。拍賣官掌握語彙、語速、語種、語調四個重點，加上聲音表情，透過抑揚頓挫的音波，在拍賣場上穿透人心，迸發自我的獨特魅力。

拍賣場人生小領悟

聲音是人際關係攻心之利器，也是你的第二張臉孔。

與劉墉合影

26 威震八方談手勢

經常去聽音樂會的朋友，是否跟我有一樣的經驗呢？我們的耳朵會跟隨著樂團的旋律，但我們的目光卻不約而同地集中在表演台上，那位奮力誇張動作的指揮家，在指揮家的帶領下，聽眾們沉浸在起伏悠揚的音樂之中。指揮家扮演著聽眾與音符之間的重要視覺聯繫，是我們眼睛與音樂感受之間的橋梁，甚至有人讚嘆，美妙的音樂就是從這個「神祕的指揮台之舞」中傾瀉而出。音樂會中的指揮家使命是賦予樂譜生命力，將自己對作品高度精煉的感受，經由手勢傳遞出去；拍賣會中的拍賣官任務是賦予拍品新價值，透過手勢掌握拍賣會節奏及確認交易對象。有人形容拍賣官的手勢有如音樂會的指揮家，二〇二二年七月二十日，《臺北文創》刊登我的專訪文章，所下的標題就是〈名家觀點—游文玫—一槌千金 拍賣場上的指揮家〉，蓋因兩者都是通過個性化的手勢，駕馭全局。所以，我認為拍賣官必須具備的特質之一，就是能展現威震八方的手勢。

手勢是一種以肢體表現的語言，拍賣官的手勢有什麼作用呢？拍賣官運用雙手搭配臉部表情及身體動作，甚至是眼神來與買家溝通，並示意當前的競價狀態，那是拍賣官與現場出席者之間的默契，也是拍賣規則賦予拍賣官的權威，對拍賣場實行無聲的控制。「巧手能言」，身體語言心理學的研究中，認為雙手也是有情緒的，除了面部表情之外，最能形象直觀的表達說話者情緒的部位就是手，手部姿勢和動作，可以增強說話者要表達的意思。拍賣主持的同時，拍賣官使用各種手勢來輔助，確認現場當前最高價位出價者的方向，也可以吸引其他競買者的注意力，加強場控的效果，透過手勢，拍賣官可進而邀約其他買家競價，拍賣官「魅力之手」為拍賣會買氣的催動，增添意想不到的表演效果。

你曾看過網紅阿翰在 YouTube 發布的影片「九天玄女」嗎？短短五天點閱率便衝破一四〇萬次，從開場搞笑宣稱自己是「九天玄女唯一指定姐妹」，九天玄女降駕時更高喊「八百英尺！五百英尺！降落！降落！……」，成為社群洗版的熱門話題。影片中阿翰表演九天玄女降駕時，雙手在頭上比畫，手掌旋轉翻覆，令人看得眼花撩亂。而我就曾見過一位女性拍賣師的手勢花招特別多，就像是阿翰表演的九天玄女，像舞蹈一樣，最後要落槌時，手還在頭上轉一圈，落槌的那一刻，同步手勢還會有一個頓點，表演性質過於濃厚，可能這位拍賣師希望這場漫長的拍賣，不要太無聊吧！但拍賣主持雖含有些許表演意味，若動作太多、太零碎，既分散了場上的注意力，又會喧賓奪主，影響了有聲語言的表達效果，表演成分已凌駕於專業之上。在現實的拍賣主持中究竟多少時間做一次手勢比較合適呢？實際上，並沒有固定的模式，但手勢必須恰到好處。自然、美觀，能夠表示買家方位或價位，再搭配拍賣官現場情緒表情，不要刻意為手勢而手勢。

拍賣官在拍賣進行中，要根據現場氣氛的需要來決定適用的手勢，這樣才能將拍賣官的風采和手勢所代表的意涵，準確自然地表達出來，形成代表拍賣官個人風格的特殊手勢。手勢可以訓練，重點是放鬆做自己，唯有放鬆做自己，才會自在，也只有自在，拍賣官的個人風格才會展現。而手勢的動作幅度要視現場競買人的人數、場面的大小而定。人數多場面大時，拍賣官的動作幅度可以大一些，讓全場的競買人都能接收拍賣官發出的訊息；如果人數少、場面小，拍賣官動作的幅度可以保守一點，不然競買人會因為拍賣官過於誇張、張牙舞爪的手勢而分散注意力，反而影響拍賣官的專業形象。

在實際的拍賣經驗中，要一手握拍賣槌，另一手自然揮動，也有的拍賣官按要求必須記錄每一件拍品最終的拍定價，因此，手上不握拍賣槌而是握筆，只待需落槌時，再換手拿槌，無論拍賣官採取何種方式，都需搭配身體的律動，表現流暢，穩中求變。剛開始我也會困擾手上是要拿筆？還是拿槌呢？自己照鏡子反覆練習推敲，拿捏不定，深怕拍賣槌不小心甩出去，也怕頻繁換手，筆甩不見，雖然也聽過有同業在主持時，不小心將拍賣槌或筆甩落地上的案例，我想當時的拍賣官一定超級尷尬吧！

在主持時，拍賣官的手最忙但也最過癮的時刻就是有許多競買人出價，拍賣官的手一路點過所有舉牌的競買人，以便計算加幾口價，但若競爭激烈，競買人多人同時舉牌，拍賣官的手勢與報價速度跟不上時，就有可能漏幾口價，如此的損失可就大了，拍賣官應該加強手勢的速度，以最短的時間用手將所有舉牌的人都點完。寫到這裡我想再分享拍賣場上較受爭議的作法——「吊燈叫價」（chandelier bidding），一般而言，拍賣官要真實看到競買人舉牌出價，拍賣官才會用手勢點數舉牌的競買人，但「吊燈叫價」是拍賣官在競價初期，會佯裝看到拍賣廳內有人出價，手就一路點過去加價，實際上拍賣官手所指的方向什麼也沒有，頂多就幾盞燈，這種拍賣官也稱為「吊燈式拍賣官」。在美國，多年來紐約州立法者一直在想辦法禁止這種藝術拍賣市場的「貓膩」，但迄今現行法條仍允許拍賣官使用「吊燈叫價」，只要價位不超出拍品的底價就行。拍賣官假裝有人競價的虛晃手勢，看似不道德，但也有保護賣家，不洩漏底價的目的，不過在我的執業過程中，我還是堅持所見，以手勢數出每一面真真實實看到的號碼牌。

許多人對於我主持時的手勢，都給予極為正面的評價，他們說每次看到我拍賣的畫面，看拍賣官的一顰一笑，看拍賣官掌控全場的手勢，有些手勢真的是非常漂亮，好似在看一場表演。在被肯定的背後，我也有從一開始動作的僵硬造作，練到自然揮灑的學習演變過程，而我的手勢進化歷程是從蓮花指開始。故事要從二〇一三年開始說起，當時我受邀主持一場拍賣會，臨上場前，拍賣公司老闆傳授了我一套「蓮花指」手勢，他說女生手勢應該要有蓮花指，可以展現優雅的一面，然後他就比個蓮花指示範。在當時主持經驗尚屬摸索期的我，自然是奉為圭臬般照著做，一開始拍賣手勢蓮花指就出來了，也沒覺得有何不妥之處。直到我正式接受拍賣師培訓時，才知道以手掌併攏，表現堅定有力的手勢才屬正確，從此以後，我告別了青澀的蓮花指時期，手勢風格大大轉變。近日整理以前拍賣主持初期的照片時，看到我當年的蓮花指手勢，憶起那段十分有趣的過往。

手部姿勢象徵著手和手掌中的語言信號，在身體語言心理學的研究中，手掌併攏代表有力量，拍賣官手掌向上指向買家，這種「導向性手勢」有三種意涵：第一種是這類手勢用來指向場內當前最高出價者的位置，讓其他的競買人知道場內最高出價者的方位；第二種意涵是拍賣官以另一隻手指向想邀約加價的其他競買人，尤其是當場內只有兩位競買人互相競爭的時候，除了一隻手指向場內最高出價者，另外一隻手就以手勢來邀約鼓勵另一位競買人勇於加價；第三種意涵是當拍賣官將手指向場內最高出價者的位置，也是讓這位最高出價者知道，拍賣官鎖定你了！

手勢是拍賣官無聲的威力展現，手勢可以「表意」，用以指向競買人方位，或者表示數字；拍賣官的手勢也可以「表形」，用以輔助說明拍賣品；手勢也可以「表情」，拍賣官透過手勢，營造拍賣場內的氣氛和情緒變化。拍賣官無論是在表形、表意、還是表情，都要注重準確傳達訊息，手勢的表現要與報價語言的風格一致，不能讓競買人費解或者產生誤解，拍賣官的手勢必須表現得自然、舒展、明確。

主持拍賣會，說穿了就是一種表演藝術，不同的拍賣官，可能各有不同的風格，如何在拍賣場上叱吒風雲，端看自己如何去演繹，在手勢的變換中，拍賣官玲瓏巧心掌全局，讓拍品榮華隨著手中轉移。

拍賣場人生小領悟

手勢讓人與人之間不必言語，也能心領神會。

27 目光如鷹談眼力

明朝第一部浪漫主義章回體長篇神魔小說《西遊記》，故事中有一段描寫孫悟空被太上老君關在煉丹爐，以文武火鍛燒七七四十九日，反煉得一雙「火眼金睛」。孫悟空的火眼金睛，白天能看一千里路的吉凶，千里之內，蜻蜓展翅都看得清楚，具有千里眼的功能；火眼金睛的第二個功能，也是最重要的一個功能，就是辨別偽裝的妖怪和神仙。其後「火眼金睛」成為人們常用的成語，比喻深具洞曉真偽善惡的眼力，用以形容目光犀利，洞察一切。我認為拍賣官在拍賣場上，眼力跟觀察力應該好比孫悟空的火眼金睛，才能眼觀四方，不漏掉任何一位買家，也能觀察現場，不漏掉一切細節，簡而言之就是視力好、觀察力強。因此，拍賣官特質之一，就是需具備目光如鷹的眼力。

你有沒有注意到拍賣會中拍賣台的高度？那可是有大學問的，拍賣台的高度比一般演講台還要高，即使是運用場地現成提供的演講台充當拍賣台，拍賣官總是要在腳下增加一層墊腳台，提高拍賣官站的高度，將身體露出拍賣台至腰間。理由當然是因為站得高，才能望得遠，但另一個隱藏在背後的原因是基於俯視對方說話的心理。有關身體語言影響力的研究發現，俯視對方會使人產生壓迫感，在心理學上是要求服從的無意識行為。拍賣台位置高，也是採取相同的道理，除能環視全場，給對方壓迫感，增加發言分量。

拍賣官的好眼力最主要還是發揮在看清楚競買人的號碼牌，有的競買人喜歡坐在拍賣大廳最後方，當他舉牌時，拍賣官得使出瞬間讀出這位競買人牌號的功力，這一點非得靠好視力才行。也有的競買人舉牌時間很短，牌號一閃，就放下，我甚至還遇過競買人站在拍賣大廳最後方，號牌揮一下就躲到柱子後面，拍賣官必須在舉牌的剎那看清牌號，有如拍賣官的視力測驗。為何有些買家舉牌喜歡坐在後方或是躲起來呢？這類買家大都是拍賣場老手，舉牌不願人知，也不想讓其他口袋深，又不知道要買什麼拍品的競買人，跟在他後面追價，增加這位拍賣場老手取得拍品的成本。我也遇過競買人每次舉牌都不考慮號碼牌的方向性，拍賣官要在短時間內，辨認倒過來的號碼，最常被誤認的是6與9兩個數字，真的是蠻考驗拍賣官的眼力。

還有另一種拍場常發生的微妙狀況，資深大買家明明有號碼牌，可是他在出價的時候，不見得要拿出他的號碼牌，通常第一次應價時，會將號碼牌在手上晃一下就收起來，下次出價就靠拍賣官與買家之間的心領神會，基於大買家不願他人知道自己在競價，拍賣官在大買家第一次短暫秀出牌號時，就得立刻看清楚數字並暗暗記下。我是「FREE-LANCER 拍賣官」，這類拍賣官並不隸屬於任何一家拍賣公司，由於買家資料屬於拍賣公司，哪位買家對某件拍品有興趣，拍賣公司一般都不會輕易透露，資訊較少的情況下，「FREE-LANCER 拍賣官」擁有豐富的拍賣主持經驗，顯得尤為重要，必需全神貫注看清每一個細節及數字；而「IN-HOUSE 拍賣官」是指拍賣公司內部員工或負責人的家族成員擔任的拍賣官，一件拍品有多少位買家來看過，有哪幾組買家對這件拍品有興趣，有無電話委託或書面委託，牌號分別是幾號，「IN-HOUSE 拍賣官」常會註記在其拍賣官手冊上面，拍前蒐集號碼牌資訊較為完整。

拍賣官的眼力除了看清號碼牌數字，還要看清楚有沒有人舉牌出價，曾經遇過有買家舉牌，但拍賣官沒有看見，落槌給他認為出最高價的競買人，引發有舉牌卻被拍賣官忽略的買家抗議。有一次，我跟拍賣官劉冠廷對談，他分享以往經歷的故事：那是一場仲夏拍賣會，重點拍品是青銅器，現場至少有三、四支牌在舉，舉到後面剩下兩位在舉，從拍賣官的視角望去，正巧這兩位競買者坐在一前一後直線的方向，拍賣官只看得到前面舉牌女士，坐後面舉牌的先生因被前方女士擋住，拍賣官看不到，所以拍賣官誤以為只有女士舉了牌，於是就落槌了。後面那個男士非常生氣地跳了起來，但拍賣官已落槌確認，於是提醒男士下次競價務必要讓拍賣官看到號碼牌，之後進行下一件拍品時，這位錯失機會的男士買家就直接站在走道上，手舉著號碼牌就不放了。這件拍品起拍價是三十八萬，後來落槌價是五百八十萬，超出預估價非常多，也超出市場行情，原因是這位男士買家對這件藝術品非常喜愛，再加上與前面拍品失之交臂的插曲，激起不能輸的鬥志，最後奇蹟似的讓拍品價格竄升。本來是一個失誤意外，後來卻變成創高價的因素，為拍賣場傳奇再添一樁。

拍賣官眼力能看牌號，也要有看現場買家及工作人員表情的能力，讀懂他們的眼神，搭配體察其肢體語言，以洞悉意向，亦是拍賣官須具備的能力。常有人說「眼睛是靈魂之窗」，靈魂何在？靈魂存藏在心中，閃動在眼裡，眼睛是了解一個人的最好工具。拍賣官要能思辨買家的眼神所代表的意義與狀態，在眼睛裡，瞳孔是最真實的心靈之窗。科學家埃克哈特．漢斯從二十世紀六〇年代起就曾研究在種種視覺刺激下，瞳孔大小的變化，提出「人的瞳孔在其對某種事物有積極情感時擴大，有消極情感時收縮」的理論。瞳孔變化與人的心理活動有著極為密切的關係，瞳孔是內心情緒的反射，當一個人在極度亢奮的狀態下，瞳孔一般會比正常狀態下擴大三倍，有經驗的拍賣官善於捕捉買家瞳孔擴大所閃射出的眼神，那是一種訊號，代表買家有興趣競買，一個人的內心動向必然會反映在他的眼睛裡，心之所想，不用言語，從眼神中就可以找到答案。

拍賣官用眼神就能引買家出價，你相信嗎？拍賣官的眼力，不僅是要眼觀四方、洞察一切，我覺得還要有第三個功能，善用眼神與買家溝通。拍賣官在主持拍賣會的時候，往往會遇到已辦妥號碼牌的買家，不願當眾舉牌，改以手勢一揮代表加價，有的連手勢都免了，只點點頭示意加價，更有甚者以眼神示意加價，眾買家出價的方式真的是五花八門。因為有買家不想讓他人知道到底是誰在出價，拍賣官就得鍛鍊僅用眼神跟買家交流的功夫，藉由眼神交會時綻放的光芒，進一步展現引價技巧。

眼睛對拍賣官與買家雙方的行為有著很大的影響，即便是轉瞬即逝的眼神，也能透漏出萬千訊息，只有當雙方彼此交換眼神時，才算是真正形成互相溝通和交流的基礎。拍賣官運用眼神交流，注視競買人並口頭詢問，加一口價好嗎？有意願的買家往往會點頭或眨眼表示同意，又或者拍賣官口中報出下一口價，眼神投向有可能加價的競買人，注視幾秒，若競買人有意願加價，通常會眨眼示意，若競買人無意再加價，往往會迴避拍賣官的眼神，釋放不感興趣的信號，或者直接搖頭或擺手表示放棄競價。眼球的轉動，眼皮的開合，視線的轉移速度，甚至方向，配合其他動作而產生的諸多奇妙複雜的身體語言，時刻傳遞著豐富的訊息，建立雙方默契，也是拍賣官與買家進行交流的無聲渠道。

總結以上拍賣官應有目光如鷹的特質，除了要有好眼力看清楚號碼牌上的數字，也要培養看穿買家內心的能力，更要練就僅用眼神就能引買家出價的實力，這是拍賣官的「三看」；但拍賣官落槌的當下，還要謹遵「一不看」，那就是「落槌不看槌」。落槌不看槌是我在接受拍賣官專業訓練，以及拍賣官證照考試時，主持技巧項目的基本要求。既然落槌不能看槌，到底要看哪裡呢？在落槌前的那一刻，拍賣官應環視拍場四周，由左到右或由前到後，以眼光掃視的方式，以防落槌時有人突然舉牌，做到不錯漏任何一位買家的加價，為拍品創出更高價格。

你以為拍賣官盯住競買人就夠忙了，哪有餘力去關注在場的其他人，而我卻能在主持拍賣會當下，分神特別關注那群坐在現場卻不出價的人。為什麼要關注坐在現場卻不出價的人呢？通常這一群人，有可能是相關同業來了解拍品落槌價，作為市場價格的參考，這一種人會在拍賣官落槌時，於拍賣圖錄的空白處，寫下拍品落槌價；另一種是單純來看拍賣會，或者是基於好奇，或者是賣家代表，也有可能是拍賣官的粉絲。針對這群人，我通常會在拍品結束轉換下一個拍品的空檔，對他們投以眼神關注或是微笑，讓他們也感受到即使不是買家，拍賣官也會面面俱到，留意到他們的存在。

對於關注坐在現場卻不舉牌出價的人，我也曾發生幾件有趣的故事。故事其一是「發現超低調的買家」，記得有一次我主持一場拍賣會，拍到張大千的作品，多人應價的情況非常熱絡，幾番加價後，我發現委託席上的工作人員在傳達買家電話競價的互動頻率，跟坐在現場的某位手持電話正在通話的人士，感覺是同步，我並不認識這位買家，起拍一開始我也沒有注意到這位非常低調的買家。原來是買家本人明明在現場，可是他卻不想讓人知道他要競買作品，於是以電話委託方式，遙控工作人員幫他電話競價。這位真買家一旦被我察覺，我的眼神立刻鎖定這位買家，用眼神來暗示他再加一口價，我覺得這招還挺有效的，拍品最終高價落槌。關注坐在現場卻不舉牌出價的人，竟然會發現人在現場卻透過電話來競價的買家，真是意想不到。

雖然我自己忙著主持拍賣會，腦海不斷地要飛算出許多的數字，眼睛也要注視觀察著全場的競價，口中還要不停的報價，居然還可以分神去觀察看似無關緊要，實則影響拍賣結果的人與事。拍賣官在熟悉拍賣會的運作之後，自然有餘力觀察到現場許多細微的變化，以如鷹的眼力與觀察力，攫獲拍賣佳績。

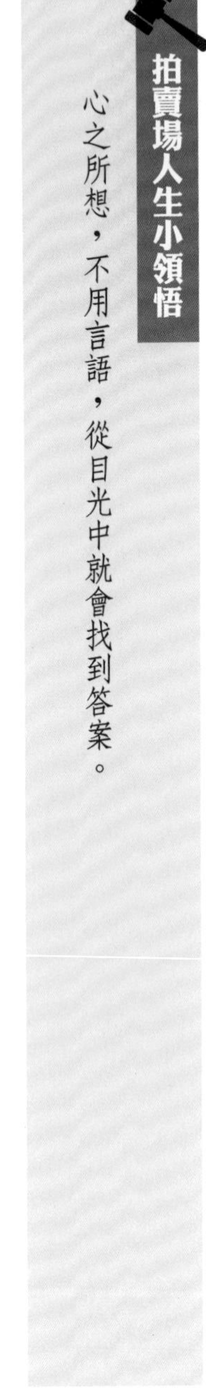

拍賣場人生小領悟

心之所想，不用言語，從目光中就會找到答案。

28 精明如猴談腦力

日前看到一則有關拍賣的舊聞，那是發生在二〇一一年香港的一場土地拍賣會，執槌的拍賣官不但經常報錯價，又常報錯牌號，出錯連連。例如牌號二十三號舉牌，拍賣官報錯牌號變成三十六號，明明二十九號的買家沒有舉牌出價，可是他卻報出二十九號買家舉牌。或者價位已經來到二億一千五百萬港幣，這時買家又再加一口價到二億一千八百萬港幣，接著有買家再舉牌加一口價，價位應為二億二千萬港幣，可是拍賣官的報價竟然又回到從二億千五百萬港幣開始，報價減損五百萬港幣。在這案例中，那位拍賣官胡亂報牌號又無法正確報價，不僅讓拍賣公司損失收益，對於拍賣官的專業性更是大打折扣。這則故事給我的啟示是拍賣官需要具備「精明如猴」的特質，不但要有好記性，還要有精準度，更要有一個能長效高速運轉的超強大腦。

主持一場拍賣會是對拍賣官記憶力的嚴酷考驗，快速報價是拍賣官的基本功，而準確報價是對拍賣官最起碼的要求。拍賣官的報價速度應與競買人的競價速度同步，如果拍賣官的語速不能瞬間加快，則無法捕捉眾多競買人稍縱即逝的加價機會，由於語速的原因，不同的拍賣官主持的拍賣活動，將產生不同的結果。美國優秀的拍賣官報價快速準確，一般都能口若懸河、滔滔不絕，腦力大運轉，嘴皮子也能飛速跟上，若要成功，得苦練神功。

在上場主持前，拍賣官必須預先做好二項準備工作，才能順暢及精準無誤地完成執槌任務。第一項準備是製作「拍賣官手冊」，你是否對拍賣官手冊的筆記都寫什麼，而感到好奇呢？有的拍賣公司會為拍賣官印製一份專屬的拍賣官手冊，裡面標示拍品編號、品名、規格、材質、創作者及圖片等基本資料，拍賣官得詳加研讀拍賣圖錄內記載的說明或文章，或者自行查找研究資料，包括拍品保存狀況、真偽、斷代、證明文件、佐證照片、著錄、展覽、鑑定、保證書、修復、原裝原裱、完整度、精彩度、稀缺性、獨特性、鈐印、簽名、遞藏歷程、同款類似拍品的拍賣紀錄等，這些都是拍賣時，價格決定的積極與消極條件。通常我都會整理成摘要，分類列點寫在拍賣官手冊上，尤其是該場次的重點拍品，我會先預想若有介紹拍品的機會，列出要講的先後順序，不一定有時間都講到，就怕拍賣時有不可預測的空檔，拍賣官卻沒有準備好，翻開我的拍賣官手冊，密密麻麻的文字都是我的閱讀筆記，而且在準備時，我也會試講一遍，幫助記憶，因為在實際拍賣時，不太可能看稿念，要儘量理解背誦，屆時才能自信流暢地表述。在拍賣的經驗中，我曾遇過電話委託席的工作人員要求拍賣官稍等一下，因為競拍的買家電話還沒接通或是臨時斷線，這時我就會介紹拍品資訊，等待電話接通，才不會產生空窗時間尷尬的窘境。

拍賣會舉行之前，拍賣官必須盡心準備的第二項工作是背熟「競價階梯」。在本書前面文章〈拍賣經濟學之拍品價格訂定〉中，曾詳細提及「競價階梯」，什麼是競價階梯呢？是指拍賣官就每次喊價所提高的競投金額幅度。拍賣官在準備階段需先了解該拍賣公司的競價階梯表，在參與拍賣會競價之前，首先得掌握拍賣公司的每口叫價（Bid Increment），並熟稔記憶。究竟拍賣官如何各顯神通，背熟競價階梯呢？每位拍賣官在背誦競價階梯表的方式各不相同，最絕妙的是發生在宇珍拍賣郭予廷拍賣官的故事。通常拍賣官會將競價階梯表，印在一張紙上，然後設法找一個安靜的地方練習背誦。面對人生的第一次拍賣，郭予廷拍賣官為了記熟競價階梯，選擇登上公司頂樓背誦，他手中拿著競價階梯表一直背，二五〇、二八〇、三〇〇，三二〇、三五〇……，時而閉眼細聲背誦，時而在女兒牆邊踱步，過了十分鐘，兩位警察來了！因派出所接獲附近鄰居報警，在這棟頂樓，有位年輕人手裡拿著一封信，表情很痛苦，嘴裡念念有詞，又在屋頂靠牆邊緣那麼近……。背誦競價階梯，連警察先生都來關心，經郭拍賣官亮出競價階梯表，說明他正準備主槌拍賣會，正在背稿，兩位警察了解真相後，相視而笑，甚覺是一場有趣的誤會。

拍賣官的超強大腦要同時記住幾種數字？答案是拍品編號、起拍價、底價、當前場上最高價、當前場上最高出價者牌號、下一口價，以及最後的落槌價等七種數字，這當中僅有拍品編號、起拍價、底價與落槌價數字是固定的，其他的數字是不斷滾動式變動，拍賣官腦中要有個強大運算功能的CPU，而且還不能當機。在實際的運作中，拍賣官在主持拍賣會一開始要宣布競價階梯，說明時必須表現對競價階梯嫻熟的流暢度，接著報出起拍價，邀請買家首先應第一口價，接著就進入競價階梯的報價順序，拍賣官要不斷更新宣布場上目前最高價是多少，當前場上最高出價者牌號是幾號，以及預告下一口價是多少，以便競買者評估是否繼續加價。當場上出現最高應價而再無人加價時，拍賣官需複誦三次最高價格，落槌後要宣布得標的牌號數字。我所主持的拍賣會，大多耗時五小時以上，由於報價主持不能間斷，一場拍賣會下來，數不盡的數字已在腦中流轉。

有些拍賣公司會幫拍賣官在拍賣台桌面上安裝螢幕，幫助拍賣官報出起拍價及掌握目前場上最高應價。回想我主持經驗還在初期階段時，光要記住競價階梯就已經頭皮發麻，當拍賣競價膠著時，需要進行拍品介紹，說了一長串話之後，往往忘記剛剛場上最高價是多少，這時拍賣台桌面上的螢幕正好可以解圍，只要用眼睛餘光一瞄，就可看到價位，就算偶爾恍神，還有得救。但是大部分的拍賣公司都未提供拍賣官專用的桌上螢幕，而僅有在拍賣台後方或兩側搭設螢幕，供買家觀看，如果拍賣官一時忘記或不確定場上最高價時，該怎麼辦呢？現在的我雖然已累積許多拍賣經驗，但仍不敢大意，如果拍賣公司沒有桌上螢幕提示拍賣官，我會藉由變換手勢或姿勢的機會，轉身偷瞄一下身後大螢幕的數字，其實若真的忘記了，身旁的書記官也能即時提醒，拍賣官的態度仍要保持自然從容，落落大方，切勿露出驚慌之色。

拍賣官的超強大腦還要記住一個數字，那就是拍品的底價，底價是拍賣公司跟賣家互相約定的價格，在拍賣規則及默契當中，一般均會遵守競價未達底價不能成交，我曾遇過拍賣官拍賣太忘情，忘記了底價，結果未到底價就落槌，底價跟落槌價之間的金額差距便會產生爭議。但是如果競買的狀況不熱烈，拍賣公司為保護賣家又不能揭露底價時，拍賣官如何不向買家透露底價，又能鼓勵買家繼續加價呢？激勵技巧考驗拍賣官的經驗與智慧。通常我都會採取暗示的方式，例如說「再加一口就是你的！」用這種方式暗示底價即將到達，鼓勵有興趣的買家勇於加價。

我經常受邀到各地進行有關拍賣主題的演講，聽眾感興趣的問題之一是競買人可以不按競價階梯自行出價嗎？拍賣官可以拒絕競買人的自行報價嗎？答案是肯定的，競買人可以不按競價階梯自行出價，而拍賣官也可以拒絕競買人的自行報價，決定權由拍賣官主導。競買人往往基於其出價策略，會選擇「大幅跳價」或「縮小加價幅度」兩種截然不同的自行報價方式。若競買人採用「大幅跳價」模式，代表他對拍品價格的認定，遠高於當前價位，而以出奇不意，超越競價階梯的方式，高價突襲對手以勢取勝，壓制其他競爭者。當競買者大幅跳價，拍賣現場總會掀起一陣驚呼聲，但此舉往往帶動其他競買者趁勢往上疊加價格，很少看到競價因大幅跳價而就此打住的。

大幅跳價的競買模式，在台灣的著名案例之一，是創下當時拍賣紀錄的《乾隆青玉螭龍玉璽》。二〇一〇年，由中央存款保險公司委託宇珍國際藝術拍賣舉辦的「國泰美術館塵封25年珍寶再現：慶豐銀行珍藏專拍」，其中最受矚目的《乾隆青玉螭龍玉璽》，是前國泰信託董事長蔡辰男為打造國泰美術館，從歐、美拍場購藏而得，但在十信金融風暴發生後，蔡辰男私人藏品成為抵押品，被慶豐銀行接管。當時的拍賣官是宇珍拍賣的董事長郭亨政先生，這件玉璽起拍價為新台幣一千二百萬元，每次加價幅度為一百萬元，拍賣會場上現場買家和電話買家都對乾隆玉璽熱烈競標，這時突然有買家喊出一億，眾人被這個大幅跳價嚇呆了，出價者要讓其他的買家措手不及，希望拍賣官可以趕快落槌給他，但引發的反而是更大的競爭刺激，最終以新台幣四億八千二百五十萬元成交。這件玉璽是蔡辰男在一九八四年以三萬三千美金（約新台幣一〇九萬元）購得，相較這場最終的拍價，二十六年間漲幅約四四二倍。

買家通常是非常精打細算的，他們的目的是以最少的金額競得拍品，而拍賣官的執業任務是將拍品的價值最大化，不放棄任何加價的機會，彼此立場對立，拍賣官如何回應競買人的自行報價，的確需要智慧。如果價位來到拍品價值的高點，有的競買人會刻意縮小加價幅度自行報價，例如目前價位五十萬，下一口價按照競價階梯表應該是五十五萬，但競買人判斷已經差不多要落槌，提出只加一萬，如此他就能以最少的成本取得拍品，此時拍賣官可以評估現場的競買氣氛，決定是否接受此自行報價，若現場買氣比較膠著或是當前產業環境趨緩，拍賣官會考慮接受，不過有經驗的拍賣官也會跟競買人討價還價，要求競買人多加一點，或是透過縮小競價幅度，運用引價技巧，將價格突破提升，帶動另一波競價漲勢，最終決定權就在於拍賣官的一念之間了。

「以退讓的姿態提出真正的要求」經常是談判時候使用的心理學技巧，拍賣官在主持拍賣會時，往往也會彈性運用調整競價階梯幅度策略，展現「引價」的主持技巧。拍賣史上最貴的藝術品，達文西的《救世主》在紐約佳士得上拍，二十分鐘爭奪戰中迎來逾五十口叫價，拍品從美金七千萬起拍，在價格美金一．九億以前，仍是四位電話競投與一位現場人士的眾人爭奪局面。當競價來到美金二億關口以後，就僅剩下兩人出手，雙雄對決的情況下，買家往往會採行縮小競價階梯報價幅度的策略，拍賣官基本上也會配合小階梯報價，以溫水煮青蛙的策略，讓競買人踩著小階梯逐步加價。《救世主》的競拍過程中，美金二億開始，每口增價幅度由美金一千萬降至美金五百萬，兩位競買人你來我往，一路纏鬥至美金二・六億，兩人此後每口叫價進一步降至美金二百萬，考量雙方已拉鋸多時，加價速度越趨緩慢，拍賣官彭肯南（Jussi Pylkkanen）以老辣的經驗，展現引價技巧，風格幽默穩健，適時向兩位競買人施壓，以提高及加速叫價，好讓拍賣保持著所需的節奏。

在我自己的主槌經驗中，有許多處理買家彈性報價，最終將拍品突破高價的經驗。二〇二三年帝圖藝術迎春拍賣會，我曾主槌徐悲鴻於一九四二年創作的《迎風駿馬圖》，圖中之馬，體形高大雄健，頭頸昂揚，四顧不凡，有龍種之態。作品從新台幣六十萬元起拍，當我報出起拍價之後，現場多組買家及電話委託買家踴躍競價，不到一分鐘，價格已經來到三百萬，可見這件拍品受到非常多買家的關注。競拍二分鐘後，價位來到五百八十萬，此時已經有一些競買人退出了競價行列，且出價速度也趨緩，直到叫價八百萬元時，按照競價階梯下一口價應為八百五十萬，但下一組買家卻自行報價降至八百二十萬，我立即同意他的報價，雖然出價沒有在競價階梯上，考慮已經進到高價區位，拍賣官有權同意買家的彈性報價。我決定採以退為進的引價策略，到了九百二十萬時形成單一的現場買家跟電話買家對決的局面，我繼續以接受彈性報價的方式鼓勵買家互相競爭，勇於出價，最終這件《迎風駿馬圖》以新台幣一千二百萬元落槌，落槌價為起拍價的二十倍，高於預期。

拍賣官好記性特質還得表現在記住買家的號碼牌數字。有些拍場資深競買人會在第一次舉出號碼牌之後，再次出價就不太秀出他的號碼牌，這時候我會分辨這位競買人是有實力的藏家，還是偶一為之來的買家。因為有經驗的買家往往不想被其他人發現他想競標，如果他是有實力的藏家，我會儘量地將他的號碼牌記下來，之後他就用眼神向拍賣官出價，而且當他競得拍品落槌時，我若能自然流暢地背誦出他的牌號，往往我會感受到這位買受人非常爽的眼神，因此，用心的拍賣官也要設法記住買家的牌號。

除了要記住號碼牌，拍賣官還得記住人臉。當拍品為眾人追捧時，經常會有多組競買人同時舉牌，拍賣官依主持的權限，判定誰先誰後，由哪一組買家應哪一個價格，通常我會用類似點名的方式。比如一件作品起拍是五十萬，五十萬有買家A首先應價，下一口買家B、C、D幾乎同時舉牌應價五十五萬，從拍賣官的視角點名買家B應價五十五萬、買家C應價六十萬……，待舉牌應價者逐一被點過了，拍賣官宣布買家D應價六十五萬。此時，被拍賣官點到應價六十五萬的買家D首先發難，買家D說他原本只想出價五十五萬，加到六十五萬他不要，而且現場也無人再加價，這時拍賣官要退回詢問買家C，是否應價六十萬。假若買家C表示六十萬也不要，拍賣官就回到上一口價五十五萬的買家B確認其應價。雖然我用文字描寫很冗長，但是真實情況卻是電光火石秒速發生，在那一瞬間，拍賣官必須練就一套「人臉辨識」的功夫，記住買家B、C、D的臉孔，不然要倒退詢問應價，都不知該從誰著手。

一位七〇年代的資深拍賣官彼得威爾森曾說過一句名言：「一件藝術品，你不覺得當它被拍出高價之後，越看越美嗎？」在拍品創出高價的背後，需要拍賣官超強大腦CPU的全力運轉，展現精準報價、預告價格、熟記底價、靈活引價、背誦牌號、記憶人臉的真功夫。若要問我拍賣時如何做到「精明如猴」的專業表現呢？「專注、用心」將是我唯一的答案。

拍賣場人生小領悟

成功的關鍵在於專注，勝利的竅門在於用心。

29 氣勢如虎談全場駕馭

台灣前輩藝術家林玉山先生，繪畫十項全能，一生畫作中以「虎」出名，一管妙筆能繪出姿態傳神、各具精妙和趣韻的虎，人們讚嘆他畫虎「未嘯已風生」。林玉山的虎所彰顯的是艱苦不畏的意志，威武無懼的精氣，表現出勇猛之志。我想藉著「意想如虎」，來傳達一位拍賣官在執槌過程中，應有的精神與態度。拍賣官如何一開場就掌控主導權？為什麼拍賣官的節奏感很重要？當拍品連續流拍時，拍賣官如何穩住場面？拍賣官如何運用落槌展現氣勢？拍賣官有哪些帶動氣氛的主持技巧？

當我準備主持拍賣會之前，我都習慣性先去檢查拍賣台的高度，我會試著站到台上，請工作人員模擬台下買家的視角，試拍一張照片，我想看看從買家的眼中看到台上的我，在視覺上會呈現什麼樣的互動心態？為什麼我要如此大費周章的做這件事情呢？有一個理論叫做「環境決定論」，這個理論認為人的行為受後天的外在環境決定，屬物質決定論的一種。我想要強調的是當一位拍賣官站在台上，拍賣台就是拍賣官的一個小環境，而這個小環境具有傳達訊息的功能，也能影響人的行為。一般而言，拍賣官如果被拍賣台遮蔽的範圍過多，會顯得拍賣官氣場不足而渺小；但是當拍賣官站在拍賣台上，將自己墊高並減少被拍賣台遮蔽的範圍，讓台下的買家覺得這位拍賣官不僅高大且強大，打造隱喻權威感的環境。「服從權威」是社會心理學中的一個概念，它的核心概念是當人們面對各類的權威時，很容易服從於他們所說的話語，而拍賣台與拍賣官之間所營造的小環境，其權威感暗示性，是一種不可忽視的神祕力量。

拍賣官與買家之間的溝通，都是一場「能量」的較量，拍賣官氣場越強，越能操控結果，我認為拍賣官氣場營造，需仰賴工具、程序、專業與心理素養。工具是指麥克風與拍賣槌，麥克風音響所傳遞的聲音，能讓現場所有買家及直播傳遞出去的聲量清晰易懂，麥克風成為拍賣官指揮全局的利器。拍賣槌之於拍賣官，更是凸顯權威的象徵，敲下拍賣槌，將對買氣產生激勵效應。拍賣官如何運用落槌展現氣勢呢？落槌！是拍賣成交的關鍵時刻，也是拍賣官的高光時刻，拍賣官有權決定何時落槌，這是拍賣規則中賦予拍賣官的權利，用以駕馭全場。我認為拍賣官在落槌時所發出的聲響，是拍賣官情緒表達的傳聲筒，也是最美妙的樂音。通常我會考量拍品價格及現場氛圍，決定落槌的力道，若是拍品價格較低，我的落槌手勢較簡易，採取一般力道敲下拍賣槌；若是高價拍品或是競買過程激烈的拍品，當我落槌時，手勢會稍微變化或設計一些停頓點，落槌強勁有力，以維持拍賣場高昂買氣。

拍賣官氣場營造也有賴於按部就班的程序，所謂的程序是指按照拍賣公司所設定的流程執行，拍賣官開場時，需進行重要事項宣布，通常我會布達本場拍賣會的主題、匯率換算表、競價階梯表、勘誤事項、競價的規範及落槌的要件，開場前這一段話的定調非常重要，具有說明規範與約定雙重意義，讓拍賣官一開場就掌握主導權。當我們從能量的角度去看待萬事萬物時，就能明白人與人的溝通少不了能量高低的較量，拍賣官要設法盡可能掌控更多的主動權。

拍賣官氣場營造更要仰仗專業表現。當我們身體不舒服去醫院看病的時候，似乎從未想過去反駁醫生的診斷，而且也不會因為藥的價格太貴而討價還價，這反映了一個很簡單的道理：越專業的人，能量點往往越高，越能占據主動地位。專業表現涉及對拍品知識的掌握、節奏感的掌控、善於體察競買局勢、精準報價的能力，拍賣官要成為懂得建立和運用現況的「造局者」，才能一出手就有磅礴的專業氣勢。

拍賣官的全場駕馭不僅靠氣勢，還要整合各方出價的速度及拍賣進行的節奏。一場拍賣會，買家可以現場出席，也可以事先將出價寫下書面委託，交由拍賣公司代為舉牌競拍，也可用電話連線，透過拍賣公司即時出價，亦可採取遠端線上競拍，如此多元的競買方式，形成不一樣的出價節奏。我曾訪問宇珍拍賣公司的郭予廷拍賣官，談及現在拍賣會競拍模式的變化，網路競價新型態的拍賣方式雖然越來越多，大家對藝術品文物的拍賣，還是比較喜歡現場實體的互動，網路則用以當輔助。在現場，如果買家不要加價，他會跟拍賣官搖搖頭，但是網路彼端買家的出價意願，對拍賣官來講是無法探知的，只能盯著螢幕，若遇到已讀不回或網路延遲的狀況，拍賣官只能慢慢去揣摩應該要留多少時間給網路彼端客戶。拍賣官面對不同出價速度的渠道，如何將各方出價速度拉近，讓拍賣會進行流暢不停滯，這是對拍賣官主持技巧與控場能力的挑戰。

另一方面，拍賣官駕馭全場的專業表現，應體察當前競買局勢，並藉勢營造新局，進而成為拍賣場上的造局者。舉例來說，平常現場如果比較多人競價一件拍品，在競拍後段，拍賣官通常只會專注在兩個人身上，因為兩個人競買的節奏會形成慣性，拍賣官最喜歡競買人勢在必得的企圖心，需善用此勢再加以引導，創造另一波競買高峰。郭予廷分享了他的拍賣故事，某次主槌芝加哥某博物館的館藏專拍，有位買家因是透過電話競拍，出價速度太慢，搶不過現場買家，而未能拍得心儀的拍品，十分不悅。待下一件他鎖定的目標拍品開始競拍時，這位買家以電話跟代為舉牌的拍賣公司工作人員指示：「手都一直舉著號牌，直到價格到一千萬。」當競拍金額觸及一千萬之後，他又指示工作人員：「你二千萬以內，都不要問我，手上的號碼牌不要放下來！」拍賣官善用當下買家已經錯過上一件，不希望錯過這件拍品的心態，營造了一個創高價的新局，這種場面是拍賣官的最愛。

節奏感掌握也表現在語調、語速及拍賣進行的速度，把握語音、語調和語言表達節奏，也能激發競買人繼續參與競價的積極性。在整場拍賣過程中，拍賣官如果只是被動報號叫價，語言單一呆板，必定會使場內氣氛沉悶，從而影響成交結果。以我的經驗，當競買人的出價尚未達到理想價位時，拍賣官可以放慢速度等待；競價激烈時，拍賣官的快速報價，能帶動競買人快速舉牌出價。當價格已達高位時，可適當提高音量再添一把火；見大勢已去時，則應迅速結束報價，在確認無人再加價後，以三聲報價，果斷落槌宣布成交。拍賣官一要聲音表達抑揚頓挫，二要整體操作如行雲流水，掌握了重點，亦即代表掌握拍場的駕馭權。

觀察大部分拍賣官的表現，當拍賣場內氣氛活躍、競價踴躍時，主持情緒就會高昂，拍賣官表現慾增強；反之，則會無精打采或焦躁不安。雖然拍賣會的成敗主要取決於拍品稀缺程度或升值空間大小，但是，拍賣官超水準發揮，競買人深受其感染，會場氛圍好，競買人鬥志昂揚，價格也會一路攀升。這其中涉及兩大關鍵，關鍵因素之一是拍賣官控場技巧，關鍵因素之二是拍賣官的心理素養。在關鍵因素之一「拍賣官控場技巧」方面，我要毫不藏私地分享五招我常使用的控場小技巧。第一招：「帶動鼓掌」。二〇二〇那一年，我主槌帝圖藝術春季拍賣會，其中一件非常重要的拍品是列於《石渠寶笈》中的作品，明代金幼孜所寫的《惠藥帖》。《石渠寶笈》，全稱為《祕殿珠林石渠寶笈》，是距今最近的官藏大型著錄文獻，成書於清乾隆、嘉慶年間，歷時七十餘年。《祕殿珠林》主要載錄釋道書畫，而《石渠寶笈》則著錄一般書畫，按照「千字文」字頭編號來編寫，收錄作品七七五七件，成為中國書畫收藏史上的集大成之作。《石渠寶笈》所登錄的作品，絕大部分都已成為重要博物館的收藏，只有極少數留在私人藏家手上，我第一次主槌拍賣《石渠寶笈》中的作品，自感榮幸。當天拍賣以新台幣三百萬起拍，歷經多方激烈競價，最終以新台幣二千四百萬落槌。由於競拍極為激烈，全場屏息凝神、氣氛緊張，因此，在進入最後一聲報價即將落槌前，我提議等一下落槌時，請大家給予得標買受人祝福的掌聲，當我敲響槌聲，熱烈掌聲亦隨之響起。拍賣官偶一為之的帶動鼓掌，不僅能緩解全場的情緒，讓買家保持激昂鼓勵，亦是拍賣官引導正向能量，掌握全場的表現。

我的控場小技巧第二招是使出「微笑與幽默感」。拍賣官的微笑對於現場人員是一種愉悅的情緒感染，幽默感則須在最恰當的時候展現，分寸拿捏需要豐富的經驗，太過則偏於搞笑，減損拍賣官的權威感。二〇一九年，正逢于右任先生一四〇歲誕辰紀念，帝圖藝術夏季拍賣會拍品之一是于右任《辛棄疾詞》草書四屏，此作是右老於一九五六年草書錄宋代辛棄疾〈永遇樂・京口北固亭懷古〉的六尺四屏，作品曾多次刊載於于右任權威著錄，堪稱于式草書四屏傳世精品之一。起拍價為新台幣二百五十萬，拍到六百五十萬時，突然有位競買人在遠處小聲地口頭報價，我因聽不清楚他說什麼，且這位競買人也沒有出示號碼牌，於是我開口詢問：「一千萬嗎？」引來現場一片歡樂的笑聲，我也趁機幽自己一默說：「現在看到報價沒號碼牌的，都很害怕！」在如此愉悅的氛圍下，價位逐一墊高，最終以新台幣一千二百五十萬落槌，拍賣官的幽默，在無形之中帶動並掌控全場的氣氛。

我的控場小技巧第三招是適時「指正工作品質」。二〇一八年帝圖藝術秋季拍賣會，乾隆帝的書法《介壽》以新台幣二百萬起拍，至三千四百萬落槌，當時拍賣過程耗時超過七分鐘，拍到近六分鐘時，買家已報價三千三百萬，但電腦螢幕操控的同仁還未即時更新數字，畫面仍停留在上一口價三千二百萬，我趁機提醒工作人員：「電腦數字要跟上！」之所以會這麼說，當然是為了呈現即時準確的數字，但另一個目的是展現我對現場的控制力，以及表現拍賣官頭腦反應與專注力，超前於工作人員。

其他控場小技巧還包括第四招：「掌握自由報價決定權」，競買人可以允許不按照競價階梯自由報價，但拍賣官有權決定是否接受。往往競買人會試探性的自由報價，試探拍賣官的底線，但若增幅過小，我會採取詢問方式試圖增幅。曾經有一次主槌一件十萬元以下的拍品，其競價階梯定為五千元，但買家自由報價加一千元，在此情況我當然無法接受此報價，但會語氣和緩態度堅定地表示捍衛競價階梯表規定之意，自由報價決定權，拍賣官說了算！

第五招是「柔中帶剛的施壓技巧」，通常在主持拍賣會，最後要落槌之前，拍賣官必須確定場上最高價，在無人出更高價格時，拍賣官會以第一次、第二次、最後一次，確認報價後才會落槌，我經常會運用「我要落槌囉！」的預告方式，提醒買家並給買家小小的壓力，讓他們盡快思考是不是還要再加一口價。二〇一八年帝圖藝術春季拍賣會，拍品編號三一三四是林語堂的作品《心如鏡》，這件拍品自十五萬元起拍，一開始競買熱烈，多組買家競價，但是到八十五萬的時候競價已稍有停頓，於是我發出提示「我要落槌囉！」當價位來到九十萬元時，競價又停了下來，於是我改以「九十萬元第一次」、「九十萬元第二次」倒數計次，向現場的買家施壓，目的是讓他們盡快加價，並保持快速競價的節奏。當價位及至一百一十萬元的時候，我再次提出「我要落槌囉！」於是又帶動另一波買氣，一直到一百四十萬元的價位，現場又停頓了，「我要落槌囉！」最後逼出了一百四十五萬元落槌。拍賣官在使用「柔中帶剛的施壓技巧」時，務必要掌握柔中帶剛的態度及語氣，稍一不慎易引起競買人的反感，那就得不償失了。

前文提過，拍賣官超水準發揮的關鍵因素之一是「拍賣官控場技巧」，現在來談談關鍵因素之二「拍賣官的心理素養」。拍賣官若要駕馭全場，得有勇猛無懼的精神，尤其是當現場買氣不旺，拍賣陷入冷場或接連流拍，而又難於打破僵局，此時拍賣官需要有強大的心理素質應對。每次登台主持拍賣會前，拍賣官應當提前做好功課，才能在拍賣會上審時度勢，揮灑自如，以飽滿自信的精神感染競買人，營造良好的競買氛圍。即使出現冷場，也能夠穩住自己的情緒，挺住連續流拍的壓力，冷靜應對，拿出解脫困境的辦法。若真遇到此狀況，我會以準備好的拍品知識，多介紹解說拍品，試圖轉換冷淡的買氣氛圍，或者提示買家，對於無人應價的拍品，我們暫時先PASS，稍後拍賣官可隨時安插重拍，往往買家經此提示，都會重新檢視已流拍的拍品，進而要求重拍，機智的解套方案，順勢提高成交率。

談到拍賣官如何駕馭全場，身為女性拍賣官，還有一個重點絕不能遺漏，那就是拍賣時所穿的「戰袍」。在古代，戰袍不僅具有實用性，還蘊含著深刻的象徵意義，代表了將軍的身分、地位和權力，戰袍還涉及心理戰術，將軍身披戰袍，展現出威嚴和自信的形象，有助於提振士兵們的士氣，士氣對於勝利至關重要。拍賣官要制霸全場，秀出來的「決勝戰袍」必定不能馬虎。二〇一七年香港蘇富比秋拍「現當代藝術」夜場，亮麗刺眼的除了拍品及成績之外，更有女拍賣官Andrea Fiuczynski 的亮片戰袍，一襲閃閃發光的上衣，登台亮相就震懾了全場。拍賣時，Andrea

的表現先聲奪人，節奏十足，速度得宜，整個拍場都在她的掌握之中，而這件具有科技感、未來感的戰袍，更加凸顯她氣場強大。這場夜拍成交率高達九十三%，如此佳績，拍賣官 Andrea 的「決勝戰袍」，著實應記大功一件。

拍賣場人生小領悟

要駕馭外界之前，要先駕馭好自己。

30 心細如絲談危機處理

拍賣台上雙側螢幕顯示的是溥心畬作品《洛神》，畫面中洛神手執孔雀紈扇，姿容秀麗雍容典雅，衣紋線條剛勁飄灑，筆致細膩，設色濃麗而脫俗。這是中國眼鏡公司舊藏，當時位於博愛路的「中國眼鏡公司」可算是台北的名店，進出客戶盡是達官貴人與各界名流，有一代妖姬之稱的歌唱巨星崔苔菁與其少東有過一段情史，轟動演藝圈，創辦家族須家因與溥心畬交好，進而收藏其精彩作品。如此佳作再加上家族影響力，這件畫作從新台幣三百萬元起拍，競拍不到一分鐘，價位已經來到一千萬，但是從一千一百萬元起，買家出價開始出現停頓的狀態，接著眾多買家逐一放棄競拍，僅剩一位現場買家及一位電話委託買家，兩位競買呈現拉鋸，雖然出價速度緩慢，拍賣官耐心推進以小幅度加價，設法將價位穩步上行。當價位來到一千八百萬時，電話委託買家自行報價至一千八百二十萬，拍賣官試圖將階梯拉大，詢問電話委託買家可不可以加到一千八百五十萬？過程雖緩慢進行，但是拍賣官眼睛不停地橫掃全場，雙眼猶如雷達，雙手也沒有停下來，不斷地變換手勢，最終以新台幣一千九百萬元由現場買家得標。在拍賣官準備落槌的剎那，現場來賓紛紛拿起手機猛拍，這是比口袋深、比氣場強的競奪，雖然出價緩慢，但是雙方拚搏的鬥志，卻令人敬佩。落槌的那一刻，現場自動響起掌聲，我的壓力瞬間釋放，因為頂著極度高壓，完成付託，面對下一件拍品，立刻又進入全神貫注的狀態，壓力，如影隨形！

這是拍賣會常見的場景，拍場上競爭、情緒、成交都發生在一瞬間，拍賣官的高壓工作在於追求「拍賣上永遠沒有最高價，只有更高價！」的信念。主持拍賣總是充滿高壓的狀態，壓力往往迎面襲來，必須要在很短時間內集中精神，沉得住氣，穩得住情緒，拍賣官通常有六十到九十秒的時間，來出售一件藝術品，若是競爭膠著的重要拍品，一件拍個十來分鐘也是常有的事。關鍵時刻壓力罩頂，仍能保持思考清晰、表現穩健、臨危不亂的人，是如何練就對抗壓力？不要以為接下拍賣官的工作，就可以直接上陣，他需要先跨越一些造成壓力的心理障礙，例如緊張、害怕出錯、設備出包、責任感與金錢價值觀。我曾經訪問過數位曾經在台灣執槌的拍賣官，他們在最初登場拍賣時，一致的反應就是緊張，唯有經驗值不斷累積，才能厚實抗壓的能量；拍賣官壓力很大，主持時，需與自己的金錢價值觀脫鈎，平常上班族一口加十萬就覺得很多，但在拍賣場，一口加個一百萬、二百萬也是常有的事。拍賣官的信念是拍品價錢沒有天花板，永遠都可能有最新的高價，在落槌前，務必使出渾身解數設法將拍品價格推到最高，而如何達到最高呢？各家妙法存乎一心，拍出高價的使命感，也是拍賣官壓力來源之一；另一個壓力源是來自於責任感，一場拍賣會，雖然可能只有幾個小時，卻是由拍賣公司團隊，歷經長達四至六個月籌備期的精華呈現，所以每次拍賣官上台前，同事們六個月的努力，究竟會收穫什麼樣的成果？壓力就扛在拍賣官的肩膀上；害怕出錯的心，則有如鬼魅般糾纏著每一場的拍賣、每一件的拍品，拍賣官擔心報價錯誤、擔心報錯牌號、擔心沒看到買家舉牌、擔心設備出狀況、擔心有爭議，所以拍賣官要上台之前，要給自己心理建設：「我可以！我做得到！我不會出錯！我準備好了！」一定要給自己十足的準備跟信心，唯有拍賣官主持情緒高昂，並表現準確無誤，才會讓坐在底下的買家，信服於你。

對抗壓力，面對自己突破困境，靠的是拍賣官臨危不亂的特質，有一次宇珍拍賣的郭予廷拍賣官跟我聊到「拍賣官很淡定，床垮了也要繼續拍？」的故事。他在遊歷觀摩歐洲拍賣會的時候，曾經看過一場小拍賣會，其中有一件拍品是一組很大的歷史古董床，上方有四支木柱的經典款式，有人就坐在上面看拍賣，結果拍賣官拍到一半，那床突然垮了，每一根柱子都掉下來，發出乒乒乓乓差不多十幾秒左右巨大聲響，當時那位執槌拍賣官是經驗老到的資深拍賣官，他十分鎮定，將眼鏡拉下來，看了一眼，口中仍持續報價，因為他知道一定有人會出面處理，但正進行中的拍賣不能中斷，拍賣官的處變不驚，令人佩服。

在拍賣現場，往往很多狀況不是事先能預期的，最經常遇到的突發狀況是電話沒接通或是突然斷訊，面對此突發狀況，拍賣官的鎮定與臨危不亂，更顯重要，有時候可以請現場買家稍微等一下，其實在場買家大都能理解，但如果等待電話接通的時間太長，拍賣官通常會面臨決斷的考驗，等電話接通？還是要繼續拍賣？郭予廷說有一次他主持一場美術館專場，拍品都是身價非凡的高價作品，其中一位電話競標的競買人，他在院子裡裝設一台大電視，找親朋好友一起在豪宅花園裡看直播，邊看拍賣直播、邊喝茶吃水果，看他如何發揮踴躍競價的精神，好像在看足球賽一樣。果然這位買家順利競得此件拍品，電話那頭傳來開心的歡呼聲，卻忘了下一件他鎖定的標的已經開始競拍，儘管拍賣現場電話人員大聲呼喊，電話那頭買家遲未能加入競拍戰局，拍賣官選擇稍微等了一下，但也不能讓其他買家等太久，在無法聯絡上電話彼端買家的情況下，下一件拍品就另有所屬了。

累積超過十年的拍賣功力之後，讓拍賣官在台上主槌之外，還有更多餘裕去關注場上發生的一些小細節，發揮「心細如絲」的拍賣官特質，拍賣官劉冠廷舉了「留下委託書」的案例，表現拍賣官危機處理的能力。二〇二二年富博斯春拍，當天現場坐滿古董同好，他覺得本次應該成績不錯，沒想到拍到一半，大家陸陸續續地往場外走，在此之前他已觀察到剛剛走進會場的買家，他們手上都拿著濕漉漉的雨傘，代表外面雨非常大，雨大到聽說「大都會古董城」要淹水了，由於客戶中有許多是古董城的商家，他們急著趕回去處理災情。這時劉冠廷靈機一動，宣布：「建議大家在回去之前趕快將原本想要拍的作品，用書面委託的方式留下競拍價格，讓委託席的拍賣公司工作人員代為競拍。」正因為拍賣官腦筋動得快，危機處理得宜，即便客戶離開仍能維持競價的熱度，因此，拍賣官在處理危機時所採行的對策，必須細心觀察，大膽處置，將可能面臨的危機，巧妙化解為轉機。

再來談談第四個拍賣官危機處理的故事，本文前段有提到，拍賣官的壓力來源之一是設備出包。某次劉冠廷在西華飯店三樓主槌書畫專場，正拍得非常熱烈的時候，突然現場的燈全暗了！在黑暗中大家同聲驚呼，現場都沒有意識到，到底發生什麼事？劉冠廷從他的麥克風還能發出聲音，判定此狀況不是停電，他透過麥克風穩住場面後，才發現原來是有一位貴賓靠在牆上，不小心壓住燈光開關，將燈按熄了，霎時貴賓自己也沒有發現，等飯店工作人員找到開關後，把燈打開，全場才大放光明，當下拍賣官心念一轉，就說：「感謝這位貴賓，讓現場稍微冷靜一下，剛剛的氣氛實在太刺激，連我都承受不住，乾脆把燈關了！」全場哄堂大笑，以幽默結束這場黑暗危機。

以幽默處理危機，聽說還有一個非常經典的案例，一家位於紐約的拍賣公司，正在拍一件北宋的石雕佛像，在國外的拍賣會，經常將拍品直接推到拍賣場上讓買家鑑賞評價，那件石雕也是援例被推到拍賣場上，結果拍賣官正拍到一半的時候，石雕的手突然斷落在地上，現場買家非常的錯愕，機智的拍賣官用了一招非常幽默的方式化解，他說了一句話：「She's beating!」連雕像也舉手競價，這句話令全場哄堂大笑，化解佛像壞了的尷尬場面。在拍賣會上，拍賣官以幽默感化解危機的能力，應屬拍賣官須具備的上乘才略。

拍賣官如何快速決定危機處理的最佳方案呢？我認為應把握積極性原則、主動性原則、即時性原則、冷靜性原則與靈活性原則，臨危不亂的智慧與處變不驚的勇氣，都不是天生擁有，而是後天的修養。競價爭議在拍賣場上屢見不鮮，有位競買人在競價舉牌時，沒有很明顯的動作，致使拍賣官忽略還有人出價，逕自完成落槌拍定。這一位競買人向拍賣官抗議說：「我有舉牌，你沒看到我！」但是槌已落下，怎麼辦呢？通常我會跟這位提出抱怨的競買人說：「下次請要高舉你的號碼牌，速度也可以稍微快一點，讓我能夠看見你。」雖然這件拍品並無法落槌給他，但他的情緒還是要被照顧，如果後面拍品逢他舉牌，我眼睛會特別注視他，讓他覺得拍賣官重視他，所以情緒一定要當下處理，化解抱怨。

危機管理專家諾爾曼．奧古斯丁（Norman R. Augustine）所說：「世上沒有神奇的一一九專線，讓你一通電話就能脫離困境，要是陷入困境，就必須自己走出來，規則就是這麼簡單，沒有什麼方法可以反向操作。」拍賣官在拍賣會上要處理的訊息千絲萬縷，要應變的狀況五花八門，拍賣官心細如絲謀定對策，縱有「泰山崩於前」之境，只要練就臨危不亂、提具「靜而後能定，定以生智慧」的膽識，即使身處艱困局面，也能獨立走出化險為夷之路。

拍賣場人生小領悟

「危機」兩個字，一個意味著「危險」，另外一個意味著「機會」。

31 拍賣女王養成記

「『當他們問我能不能擔任拍賣官時，我沒有猶豫。因為我知道，就是我了。』嚴謹的妝容髮型，淺淡適中的微笑，檯面下的游文玫鋒芒並不銳利，但只要提及跟藝術品有關的細節，眼裡彷彿就要閃出兩道光來。她是台灣少見的女性拍賣官，更是第一位考取中國拍賣官執照的台灣人。站上拍賣台的那一年她五十二歲，火力卻不輸二十五歲；眼神如鷹，引價流暢，還有餘裕細察買家心理，再三創下台灣最高拍價紀錄。」這一段文字是我接受《臺北文創 名家觀點》訪問時，記者寫的開場文，簡單幾句，既寫出人物的型，也道出在藝術拍賣界的努力軌跡。

人生的軌道運行到拍賣官的角色，這條艱僻高冷之路，從初期的踽踽獨行，到漸漸凝鍊經驗，媒體總是對我充滿傳奇的發跡過程以及拍賣官的神祕感充滿興趣。二〇一五年，我當時雖然還沒受完整的拍賣官培訓，一月份的《萬寶月刊》黃河先生就在專欄中肯定我的專業表現：「二〇一五年，帝圖拍賣公司打出漂亮的一仗，總件數一〇一一件，拍賣現場人山人海，好拍品多人競標，而且拍賣官非常專業，雖然成交件數只有六十六%，但卻令我驚豔，恭喜他們。」之後陸續《財訊雙週刊》撰寫〈從政治幕僚到藝壇最前線！拍賣女王有俠風 揚手落槌變身美女拍賣官〉，《臺北文創名家觀點專欄》撰寫〈一槌千金 拍賣場上的指揮家〉，民視《在地真台灣》、

ETtoday新聞雲、民視新聞等……，所有的影像文字不僅描述我這個人，更重要的是藉此傳遞拍賣產業的知識，將神祕的大門推開。

如今，早已超越百場的拍賣歷程中，經手超過四萬件琳琅滿目的拍品，若要問我對哪一件拍品印象特別深刻？我首推二〇二〇年九月二十七日，主槌帝圖藝術夏季拍賣會中，溥心畬的水墨作品《配眼鏡去中國眼鏡》。這件作品是源自於中國眼鏡公司舊藏，在六〇年代台北博愛路上溥氏以行書題寫的「中國眼鏡公司」大招牌，在當時台北已經是遠近知名的眼鏡公司，各級的領導人及達官顯貴均是公司的客戶，溥心畬也是其重要藝友。《配眼鏡去中國眼鏡》最有趣的是溥心畬為中國眼鏡公司特製「雷公戴眼鏡」的形象標誌，款識寫著：「眼鏡不好，看不清楚壞蛋，請到中國眼鏡公司去配。心畬」，這是溥心畬難得一見的白話題書逸妙之作。雷公在中國傳統文化中代表正義的使者，溥氏讓「雷公」戴了中國眼鏡配好的眼鏡，狀似溫和，但可以清楚看見「壞蛋」了，這件「雙關反諷」的水墨漫畫，呈現溥氏的博學與幽默。這件拍品以新台幣六十萬元起拍，拍賣公司特別私下交代我記住底價金額，後來我才知道本來這件作品藏家捨不得拿出來拍，故意將底價訂得高於當時市場行情，評估應該拍不出去，沒想到我竟以新台幣六百四十萬落槌，高於底價，再怎麼不捨，也得割愛了。

在一路的拍賣搏殺中，單單將作品拍出去不夠，工作成就感驅使我還得設法拍高價，成為紀錄保持人，行走在拍賣江湖中，有所倚仗。溥心畬在台灣最高拍賣紀錄為新台幣三千萬，由我於二〇二〇年十二月二十七日帝圖秋季拍賣會中所創下。拍品是溥心畬《觀音大仕聖像、楷書佛語七言聯》，此作繪寫於一九四九年溥心畬初來台灣時，創作這幅主題觀音大士，以白描筆法精妙畫出觀音溫婉慈祥，而又清逸絕塵之氣，送呈右任先生供養，右老將此作贈與長子于望德，當年于望德擔任哥倫比亞特命全權公使，右老將溥氏所繪贈觀音大士像寄予其子為其祝福，充分顯示出父親思念、關懷出門在外的孩子。本件拍品以新台幣六百萬起拍，落槌價三千萬，締造溥心畬在台灣拍賣的最高價紀錄。

黃君璧在世界最高價拍賣紀錄為新台幣四千五百萬落槌，是我在二〇二一年三月二十八日帝圖春季拍賣會所締造。黃君璧在七十歲時，遍訪世界三大瀑布，歸來後一改畫風，將瀑布畫成立體的滾動感，在台灣轟動一時，七十歲還在創新求變，大師的魄力和功底令人折服。此作繪於一九七二年，是黃君璧海外旅遊寫生「維多利亞瀑布」國家公園後，延伸的作品，尺幅極大，氣勢雄偉，取景構圖巧妙，當為君翁壯年藝術純熟期之傳世巨作。作品從新台幣六百萬起拍，僅三口價就來到一千萬，直到三千萬之後，加價速度趨緩，競價幅度也縮小為一百萬，買家出價極為謹慎卻又步步為營，接著又歷經十五次的加價，最終價位來到史上最高的新台幣四千五百萬。猶記得要落槌前，我倒數三次場上最高報價時，全場靜默，屏息以待，現場壟罩一種莫名的窒息感，落槌聲伴隨掌聲，全場共同見證這歷史一刻，身為主槌拍賣官真是與有榮焉。

一九四九年，政局變易，渡海赴台知名藝術家張大千、黃君璧、溥心畬合稱「渡海三家」。

他們自傳統筆墨的基礎上發展，面對時代潮流，各自演變出不同的創作特色，背景與風格迴異，各擅勝場。張大千才氣橫溢，作品借古開今，享譽中外。二〇二二年十二月二十五日，帝圖秋季拍賣會，我以一．九五億落槌張大千《摩登七戒》仕女圖，打破先前也是由我創下的最高價書畫齊白石《英雄君壽圖》一．一億元的拍賣紀錄，改由張大千《摩登七戒》仕女圖，登上台灣拍賣史上書畫類最高價紀錄的寶座。作品從新台幣八千萬起拍，進行不到一分鐘，價位已打破一億元，之後每口加價幅度以一千萬前行。張大千號稱「張美人」，若說大千敦煌歸來後，筆下女性人物作品最具代表性者，古代女性當推《紅拂女》，現代女性則非此《摩登仕女》莫屬。在競價的尾聲，價位停在一．九五億，雖然我又努力了四分鐘，仍無法突破二億，其實這價位早已超越先前我創下的台灣書畫拍賣紀錄，即便如此，拍賣官仍會鍥而不捨努力到最後一刻，拍賣結果加計服務費，成交價來到新台幣二．三億，刷新台灣最高價書畫拍賣紀錄。

除了渡海三家之外，在同時期渡海來台的藝術家還包括于右任，我在二〇二一年三月二十八日於帝圖春季拍賣會，以落槌價新台幣一千八百萬，創于右任台灣拍賣最高價紀錄。該作是于右任書寫、江兆申題引首之《前赤壁賦、後赤壁賦（長卷）》，民國六〇年代，本作品曾有三本出版著錄，日本藏家數十年前從台灣買走後，首度回台曝光，算是台灣老一代藏家都知道的于右任名作。于右任書風歷經帖學、碑體與標準草書的演變過程，他提出「絕不因為遷就美麗而違反自然」的書寫觀，無論是單字的點畫、線條與結構，或是行氣與章法等，都搭配得恰到好處，達到順乎自然的最高書學境界。

目前台灣的書畫界在原有的渡海三家之外，近年另加計同時期來台的于右任與臺靜農，合稱「渡海五家」。二〇二二年十二月二十五日，我於帝圖春季拍賣會主槌一對臺靜農高達三．六五米巨幅《行書集姜白石句十七言聯》，是臺老渡海後八十三歲憶寫十七言巨聯，為臺靜農先生存世墨跡極品之一，也是傳世唯一最巨大、最顯廟堂氣之巨聯，該作品以一千七百五十萬落槌，創臺靜農台灣拍賣最高價紀錄。拍賣過程極為精彩，全程歷時十六分鐘，拍品從新台幣三百萬起拍，至六百萬時，競價即已停滯，我認為此拍品仍有加價的空間，於是趁買家出價停滯時，開始介紹拍品，之後打開僵局到了七百八十萬時，買氣已乏力，於是我開始倒數，第一次、第二次，刻意保留最後一次倒數，目的迫使買家加速思考是否加價。一段漫長時間的等待，究竟是要喊出最後一次落槌，讓價位停在八百萬落槌？還是再等等？此時，台下買家突然自行報價八百二十萬，一灘死水頃刻激化為活泉，在耐心等待及施展引價技巧雙重操作下，最終以新台幣一千七百五十萬落槌，事後有藏家評價，我這段拍賣表現得黏柔又帶巧勁，本以為是八百萬落槌，沒想到被我拉高到一千七百五十萬，真是始料未及的佳績。

張大千台灣拍賣場上書畫類最高價紀錄、溥心畬在台灣拍賣最高價紀錄、黃君璧的拍賣世界紀錄、于右任台灣拍賣最高價紀錄、臺靜農台灣拍賣最高價紀錄，再加上台灣篆刻印最高價拍賣紀錄共六項的紀錄保持人，讓我的拍賣人生不僅有追求，亦有榮耀傍身。十多年來，看遍拍賣場百態，最有滋味的是拍賣過程中對於人性的體察，身為女性拍賣官，意識天線尤為發達敏銳，當我用心讀你，腦波交匯，很多訊息不須言語，你懂、我也心領神會。例如拍賣官與買家眼神接觸，買家點頭，這代表買家同意再加一口價！拍賣官向買家眨眼、抬一抬下巴，這代表拍賣官詢問買家，還加價嗎？如果買家低頭不看拍賣官或搖頭，即代表不追價了！若是買家抬頭沉思，則可能是正在掙扎要不要忍痛再加一口價！假如看到買家按計算機，代表他正盤算這價錢划算嗎？也常見到買家突然將號碼牌收起來，這代表他放棄不追價了！拍賣官會適時給買家壓力，同樣地買家也會給拍賣官施加壓力，買家施壓的方式會用敲槌手勢，要求拍賣官「趕緊落槌給我！」拍賣現場通常會有買家代理人出席競買，如果你看到有人聽電話，抬手比一個暫停的手勢，代表「拍賣官請等一下！先別落槌！老闆正在指示要不要再加價！」

拍賣官是誰？拍賣官是具豐富經驗並訓練有素的專業人員，拍賣官負責主持整場拍賣會，並在拍賣每件拍品前先做簡單介紹，然後再以低於該物品底價的價格開始主持競投。無論競買人是親身出席拍賣會，或透過委託或電話參與競投，拍賣官都會宣布每位競買人的出價，拍賣官也可以代表缺席競買人出價。拍賣官具有最後裁定的權力，可判定拍賣何時已獲得最高出價，並宣布拍品「成交！」我的拍賣官生涯，在十餘年行走於拍場的曲徑中，有挫折、有眼淚、有肯定、有掌聲，諸多挑戰的遭遇，都是開啟智慧的鑰匙。文末，分享我的拍賣場人生小領悟，言簡意賅，我想說的，希望你懂：

1. 每一次都是第一次般對待
2. 完美不是行為，而是習慣
3. 〇．〇一秒，做出正確的決定
4. 變，就是永遠不變的真理
5. 沒有最高價，只有更高價
6. 充滿自信，就是人生女王

臺靜農先生書畫暨書法專題

與張大千《摩登仕女圖》合影，創台灣最高書畫拍賣紀錄

在拍賣會現場掌控大局

第五篇　繼續奔跑，更上一層樓

32 台灣拍賣產業發展故事

冬去春來，節氣周而復始，首尾相接，有如產業景氣循環，台灣藝術拍賣產業亦曾面臨興衰交替。你知道台灣是什麼時候正式開始出現藝術品拍賣公司嗎？台灣本地藝術品拍賣會何時敲下第一槌呢？刺激台灣拍賣市場興盛的兩大引擎為何？是什麼造成了台灣拍賣市場一度低迷？有哪些大事件影響台灣的拍賣市場發展呢？讓我們藉由本文一起來了解台灣的拍賣產業史，故事要從台灣解嚴時期說起……。

台灣自一九八七年解嚴後，接著解除報禁、黨禁，對社會、政治、經濟產生重大影響，形成所謂的多元社會，東方與西方思潮相互激盪，敏銳的藝術圈受到極大的衝擊，藝術創作更如脫韁野馬般地展現活躍自由的創作氛圍，形成一九八〇年至二〇〇〇年百家爭鳴、蓬勃發展的美術多元現象。台灣藝術市場在此狂飆之際，拍賣公司競相成立，形成台灣拍賣產業發展的開創期以及第一個高峰黃金期。一九九〇年十二月一日，台灣第一家本土拍賣公司「傳家拍賣」舉行台灣第一場藝術品拍賣會，創辦人是知名建築師白省三先生。作為一位拍賣官，我對於拍賣發展的今昔特別關注，亦對於與白省三先生的初次相遇，印象極為深刻。那是在二〇一八年，同樣正巧是十二月一日，距離台灣第一場藝術拍賣會相隔二十九年，那一天是「新象 40 週年 2018 新象專項拍賣競標會」的預展現場，當時新象創辦人許博允先生邀請我擔任主槌拍賣官，並介紹前來觀展的白省三先生與我認識。

白省三先生是一位眼光獨到的藝術收藏者，他從一九八〇年開始跨入藝術的世界，他最欣賞的是台灣前輩藝術家的作品，其中，擅長以礦工為繪畫主題的洪瑞麟創作，更是白省三先生繪畫收藏的大宗，除了系統性收藏藝術家的創作風格和生命軌跡外，也是他個人對於台灣藝術文化的歷史見證。因此，他所創辦的「傳家拍賣」正是主打台灣前輩和中青輩藝術家的作品路線，在當時蔚為風潮。閒聊中，同時身為收藏家的他，也提到了當年如何入手徐悲鴻的精品創作趣事。白省三生肖屬馬，所以很想要收藏一件以馬為主題的作品，很多人就向他推薦收藏徐悲鴻的《奔馬》。一九八〇年代，在一場香港的拍賣會中出現一件徐悲鴻畫馬，白省三不僅親自到場競拍，而且志在必得地在拍賣場內一直舉著號碼牌不放。最終，他以十萬港幣成功競得徐悲鴻的《奔馬》作品。白省三先生曾說：「藝術是我享受人生的方式」，初始收藏藝術其實是一種純粹的喜歡，並沒有想到要靠賣畫來賺錢，但僅是收藏並不能滿足於他對於藝術的追求，於是基於為台灣藝術家尋一條出路的使命感，才因緣際會開了台灣第一家拍賣公司。

第一階段：初盛的榮景一九九〇～一九九九

為便於了解台灣拍賣產業的成長歷程，我將拍賣產業發展分為四個時期，第一個時期是從一九九〇年至一九九九年這階段的黃金十年，可稱作台灣拍賣產業「初盛的榮景」。除了台灣的本土拍賣公司在一九九〇年開始舉行第一場拍賣會，國際的拍賣公司其實早已敏銳地嗅聞到了市場氣息，知名拍賣公司蘇富比在一九八一年就在台灣成立分公司，直到一九九二年三月二十二日首次在台灣舉行藝術品拍賣會，並提前於三月十九日起假台北新光美術館舉辦預展，那一次的拍賣會成交率高達九十三．九%，超過九成的拍品都順利找到了它的下一個主人，八十二件的拍品創下了八六二五．六五萬元的成交額，締造全年度一六五五〇餘萬元的公開市場產值，引起台灣藝術產業的注目與關切。蘇富比其後又於一九九四年舉辦「定遠齋藏書畫專拍」；一九九五年舉辦「約翰．法蘭寇之常玉專拍」；及一九九七年舉辦「羅勃．法蘭克之常玉專拍」的三場拍賣會，以一〇〇%的成交率締造傲人的成果。

隨後另一家國際知名拍賣公司佳士得，緊接著在一九九一年成立台北辦事處。一九九三年十月十日，佳士得跟隨蘇富比的腳步，也開始在台北舉行拍賣會，推出二四六件拍品，內容以文藝復興、十九世紀及印象派油畫為主，總成交率僅二十二．四%，成交金額三〇二八萬元，成交情況並不理想，最高價額拍品為亨利．馬丁的作品《馬圭爾花園》，以新台幣四百八十萬元落槌。即便佳士得在台灣首場拍賣出師不利，但隨後立即調整徵件策略。一九九八年，佳士得以一一九二二．三五萬元的總成交金額，寫下台灣藝術拍賣史最高總成交額紀錄；一九九九年佳士得秋拍，莫內的作品《原野樂園》以二二〇五萬元落槌，也刷新台灣拍賣紀錄。國際知名的拍賣公司陸續來台舉行拍賣會，確實振奮了拍賣市場，對於藝術市場業者、藝術愛好者、學者等相關人士具有重要的意義與價值，為台灣的拍賣市場注入一股國際化的潮流。

兩家國際拍賣公司成為產業轉動的超強引擎，帶動台灣本土拍賣公司如雨後春筍般紛紛冒出頭來。一九九三年宇珍國際藝術成立；一九九四年五月二十八日標竿藝術事業股份有限公司由黃河領軍，舉行第一場拍賣會；一九九四年九月十八日慶宜藝術國際股份有限公司揭開該公司拍賣的序幕；一九九五年一月二十一日東業國際拍賣股份有限公司舉行拍賣會；一九九五年三月十二日古道國際藝術股份有限公司，於台北新光美術館舉辦首屆拍賣會；台中霧峰林家後裔林振廷、陳碧真夫婦與台中地區藝文及醫界菁英，創辦了景薰樓藝術拍賣公司，一九九五年三月十九日，景薰樓國際拍賣股份有限公司假台北遠東大飯店舉辦首場拍賣會；一九九五年甄藏國際藝術創立，一九九六年一月二十七日與大陸同步進行首次拍賣會，也寫下台灣首次同跨兩地舉行拍賣會的歷史；一九九九年十月十日羅芙奧藝術集團以國際合作的方式，宣布開拍。時至今日，宇珍、景薰樓、羅芙奧三家拍賣公司仍持續在台灣拍賣市場屹立不搖，難能可貴。

第二階段：衰退的指標一九九九～二〇〇一

蘇富比、佳士得兩大世界拍賣公司於台灣藝術市場的高峰進場，在台灣的拍賣發展史上是一大重要指標，卻也在市場低迷的時候退場，其背後雖有台灣政府稅制相較於北京、香港缺乏競爭力的因素，另外，拍賣公司無法達到國稅局要求提供買賣雙方的名單，也常使得拍賣公司被罰款，加上台灣產業逐漸外移、專業人才流失，以及一九九九年九二一地震重創社會的影響，更主要的原因仍是敵不過經濟景氣的寒冬。蘇富比於一九九九年秋拍後，率先告別台灣藝術拍賣市場，佳士得則在二〇〇一年的秋拍後，也宣布撤出台灣，兩家國際龍頭拍賣公司結束在台灣拍賣會運作業務，將重心移至香港，僅留下在台灣舉辦預展活動，導致國外拍賣公司與台灣的藝術產業關係急凍。

第三階段：沉寂的低迷二〇〇二～二〇一二

拍賣產業的兩大國際引擎在台灣熄火之後，對於台灣本土拍賣公司的運營相對辛苦，陸續有一些拍賣公司也就不再舉行拍賣會。主要是台灣本土拍賣公司發生公司結構不健全，拍賣成績不實，以及拍假畫等風波影響，當時坐擁台灣本土拍賣龍頭地位的「甄藏拍賣公司」在二〇〇二年發生財務危機，之後接連傳出台灣本土拍賣公司歇業、出走，乃至倒閉的負面消息，二〇〇二年春拍，台灣的藝術拍賣公司僅存五家，市場呈現一片低迷之氣。值得一提的是拍立得國際藝術股份有限公司卻在藝術市場普遍出現轉買為賣狀況時，選擇危機入市，於二〇〇二年三月十七日正式開拍。

到了二〇〇三年，發生更令人遺憾的事件。我們常說：「藝術興於百業之後，衰於百業之前。」如果經濟環境對於藝術市場發展不利，很容易在拍賣會成績表現中發現。二〇〇三年二月底，台灣爆發SARS疫情，疫情初始從越南、新加坡、香港、中國大陸，一路蔓延到台灣，根據中華經濟研究院的研究，SARS對服務業的影響非常嚴重，台灣股市與經濟瞬間盪至谷底。偏逢連夜雨，另一個不利的因素，是來自於二〇〇七年到二〇〇八年全球的金融危機，這不僅是台灣，而是全球的金融秩序崩潰，造成台灣近十年的藝術品拍賣黑暗期。

第四階段：重振的集氣二〇一二～迄今

當然，有黑暗，再往前走肯定就是黎明了，我們永遠都應該保持正向樂觀的態度。在二〇一二年，我們台灣的藝術品拍賣產業迎來了復甦的契機，這個契機是源自於哪裡呢？有幾個原因，首先是與兩岸成立藝術品拍賣公司的制度不同有關。台灣成立拍賣公司門檻其實並不高，在二〇〇九年之後，台灣已經取消設立公司最低資本額的限制；彼岸中國大陸，依據其《拍賣法》第十二條規定，在中國成立拍賣公司的註冊資本額基本門檻是一百萬人民幣，約為新台幣四四二萬，如果要註冊藝術品拍賣公司，基本註冊條件是一千萬元的人民幣，約為台幣四四二〇萬元。由於兩岸對於拍賣公司的成立條件差異，加上當時兩岸交流頻繁，大陸那邊對於拍賣產業有興趣、想投入的，紛紛與台灣藝術拍賣業者合作，在台灣開立新的拍賣公司，造就新一批拍賣公司的興起。

原因之二，是來自當時兩岸的和平紅利，二〇一一年開放陸客來台自由行，在中國大陸具有高資產、高消費力，且對藝術品收藏有興趣的人士，藉由來台灣自由行之便，加入競拍藝術品收藏行列，促進兩岸藝術拍賣交流；第三個原因，也跟中國大陸有關，中國規範文物相關管理的法律《文物保護法》，第五條規範在中國境內出土的文物所有權屬於國家，國家的文物當然不能由民間自由買賣，例如禁止青銅器的拍賣，除非是流傳有序，可以提出證明的文物。

在諸多有利條件的集氣與新興拍賣公司崛起之際，台灣拍賣產業迎來了第二波的榮景，而我正是在此時轉換人生跑道，進入拍賣產業，進而擔任多家新興拍賣公司的首場拍賣官。例如，原先在表演藝術界叱吒風雲、教父級人物的許博允先生，他於二〇一五年一月十八日跨足拍賣業的首航活動「2015 新象春季拍賣會」，正是由我擔任「文玩金石專場」拍賣官，猶記得當時保利文化集團還特別提供「圓明園四獸限量復刻版」於現場拍賣。事隔近十年，二〇二三年九月四日我剛飛抵韓國出差，就從台灣媒體報導驚聞新象藝術許博允先生辭世的消息，翻閱與許先生留下的合影照片，無論在拍賣會現場或是在拍賣預展的一隅，流光逝影，都令人追憶再三。從拍賣場的興衰看人生，勇者敢於挑擔先行，乘風而起，歷久彌堅挺過危機淬鍊，才是真豪傑。

新象拍賣預展時，游文玫與許博允、白省三合影

與台灣本土第一家拍賣公司傳家拍賣創辦人白省三合影

拍賣場人生小領悟

「與時俱進」是不被時間洪流淹沒的最佳策略。

33 推動降稅之心情寫真

我守在濟南路立法委員研究大樓的電梯口，望著電梯出出入入的立委、國會助理以及行政部門官員們來去匆匆，那是二〇一五年九月下旬，第八屆立委任期的最後一個會期，再三個多月後就要重新改選，通常立委們在此時的重心都放在地方選務，停留立法院的時間有限。電梯通道人來人往，我手上握著《所得稅法修正草案》連署表，希望在梯廳走廊能遇見我熟識的立委，那是一種焦急的心情，沒有跑過法案連署的人，可能無法體會一個案子需要至少十五位立委連署才能成案的煎熬。簽名同意是需要說服的過程，尤其我手上拿的是有關於「個人提供文物或藝術品參加拍賣會其所得之計算及納稅方式」，是一個主張分離課稅與國際接軌，並讓稅率更具誘因的提案。大部分的立委在不了解藝術產業特性的情況下，認為這項法案是為有錢人降稅，而猶豫簽署，在選舉即將到來，民眾仇富心態高漲的時刻，更增加了連署的困難度。但是，如果現在不做溝通說明完成提案，等下一屆立委新任期就得重起爐灶，時間緊迫，法案連署我必須儘快完成，沒有猶豫、不能蹉跎，我……繼續守在電梯口。

還記得我在前面文章〈台灣拍賣產業發展故事〉中提到國際知名拍賣公司兩大龍頭，蘇富比與佳士得分別來台推展拍賣業務，蘇富比於一九八一年在台灣成立分公司，並於一九九二年三月二十二日首次在台灣舉行藝術品拍賣會；佳士得於一九九一年成立台北辦事處，一九九三年十月十日開始在台北舉行拍賣會，兩大國際老品牌拍賣公司帶動藝術市場蓬勃，台灣儼然成為亞洲華人藝術重鎮。遺憾的是蘇富比於一九九九年秋拍後，率先告別台灣藝術拍賣市場，佳士得則在二〇〇一年的秋拍後，也宣布撤出台灣，兩家國際龍頭拍賣公司結束在台灣拍賣會運作業務，將重心移至香港。究竟發生了什麼事，讓兩大拍賣公司放棄耕耘十餘年的台灣藝術市場呢？原因之一是國外拍賣公司無法達到台灣藝術市場稅制規範所引發的爭端。首先是台灣藝術市場稅制的問題，蘇富比退出台灣藝術拍賣市場，稅的困擾是主要關鍵。稅務單位以拍賣公司佣金抽成的金額為依據，收取營業所得稅，以及加值營業稅，賣方亦需繳納個人所得稅，此一主因讓蘇富比難以在台灣藝術拍賣市場繼續生存；另一方面是國稅單位要求拍賣公司提供買賣方名單，蘇富比基於職業原則與國際慣例，不願提供名單，造成國稅局依《稅捐稽徵法》以「幫助他人逃稅」為由開罰。兩大拍賣公司出走之後，台灣拍賣產業又面臨接連而來大環境的不利因素挑戰，拍賣景氣走向低谷。

由於藝術品具有無記名、可移動的特性，藏家可以輕易地選擇在稅負條件較有利的地區交易，在中國大陸，交易後賣家需繳交收入金額三%的稅金，可採分離課稅；在香港，交易後賣家需繳交收入金額〇．五%的稅金，而且拍賣公司往往會將稅金自行吸收，以徵得優質拍品；在台灣，賣家的繳稅方式是於次年繳交個人綜合所得稅，由於綜合所得採累進稅率，二〇一五年十二月三十一日以前國稅局公告「累進稅率」從五％、十二％、二十％、三十％、四十％，最高到四十五％，將累進稅率乘以藝術品十五％「純益率」，就可得出藝術品拍賣「利得稅負」，古玩書畫類拍賣利得稅負為〇．七五％～六．七五％。大家仔細比對三地稅負之後，即可發現台灣對藝術品交易的稅負是較無競爭力的，這就解釋了為何台灣的拍品卻選擇到海外拍賣。

二〇一二年十月二十三日，當時中華民國畫廊協會台北藝術產經研究室接受文化部委託進行「我國藝術市場稅制檢討與效益分析研究」，前往立法院諮詢訪談教育及文化委員會陳學聖立委，當時我任職立法院，也由於此機緣認識當時協同計畫主持人石隆盛執行長，其後我出席了二〇一二年十二月六日所舉行該研究案的財稅政策專家座談，從中深入了解台灣拍賣產業的困境。歷經數月的訪談、會議及資料整理，二〇一三年四月三十日，畫廊協會出版《我國藝術市場稅制檢討與效益分析研究》，就兩岸三地拍賣所得稅制比較及藝術家出售作品稅制現況分析，並對收藏家藝術品拍賣所得稅制提出三階段建議方案。藉由中華民國畫廊協會台北藝術產經研究室的分析，也讓我一步一步了解台灣拍賣產業的問題。二〇一四年，我曾經幫陳學聖委員撰寫一篇對於行政院長江宜樺的質詢稿「鬆綁稅制活絡文創產業」；二〇一五年也撰寫對行政院長毛治國的質詢稿「誰是文化發展最大殺手？」，試圖以更強烈的題目陳述事實，讓行政單位能夠了解，到底我們的拍賣產業問題出在哪裡？必須找出關鍵痛點，因應解決。

二〇一三年畫廊協會提交「我國藝術市場稅制檢討與效益分析研究」報告給文化部之後，就是漫長的等待了，期間我總是問石執行長，文化部有採納意見嗎？直到二〇一五年中，我意識到本屆立委任期僅剩一個會期，再不付諸行動，恐之前的努力會泡湯，接下來短短四個多月我與產經研究室合作，積極進行一系列公聽會、質詢、研討、提案修法的過程。

二〇一五年八月十三日，對藝術產業極為關心的陳學聖委員、黃國書委員，在立法院共同召開「藝術品拍賣稅制合理化公聽會」，邀集產業代表及專家與會。台灣的拍品及藏家對國際拍賣市場的影響力不容小覷，那一年北京保利拍賣會，翻開圖錄裡面重要拍品，大都由台灣收藏家提供，然後北京保利拍賣又計畫包機，從台灣將買家們請到北京競拍，這些重要的拍品又賣回台灣，一買一賣之間，都不在台灣進行，以致稅收流失，這是非常明顯的案例，公聽會的訴求就是希望稅制更合理化，更有國際競爭力。雖然公聽會中，大家陳述意見，說得很賣力，但仍未能獲得國稅局代表的認同，於是我跟石隆盛執行長討論後，決定朝修法方向努力。二〇一五年八月十九日，舉行修法內容第一次討論會；二〇一五年八月三十一日，舉行修法內容第二次討論；二〇一五年九月八日，舉行修法內容第三次討論；二〇一五年九月十四日，邀集提案委員代表及賦稅署舉行綜合討論會，最後決定了修法內容並擬寫草案，故事回到本篇文章開頭的場景，我必須在最短的時間內，完成法定立委連署人數的最低門檻。

這項連署的工作，真的也沒有人可以幫忙，只有我自己獨立作業，如何提高連署機會？我的第一個方法就是去守電梯口，到委員經常會出現等電梯的地方守候，目標鎖定不打算參與競選連任的立委以及較關心藝術產業的立委；第二個方法是去守開會的議場門口，在那邊等他們，然後跟委員們遊說法案。苦苦的守候，終於換得二十一位委員跨黨派連署，二〇一五年十月二日，完成《所得稅法第七條、第十四條第一項第十類、第八十八條第一項第二款條文修正案》法案連署程序，將法律提案送交立法院議事處登錄。

接著就是程序委員會、一讀、財政委員會審查、二讀、三讀，過程中，如果朝野雙方有爭議的話，還要提交朝野協商，所以一個法案要通過，得有過五關斬六將的本領。二〇一五年十月十三日，立法院程序委員會通過提案，排入十月十六日院會議程；院會中，立法院第八屆第八會期第五次會議完成一讀程序；二〇一五年十一月十一日，立法院財政委員會審查陳學聖等二十一位委員跨黨派連署提案。一切進度似乎比預期順利，應該是天時、地利、人和三方條件都到位吧！

很不巧地，排到審查的時候，我剛好因為接受培訓，沒有辦法參與審查會協助委員，當我回到立法院之後，才了解財政部在審查會時已與提案委員協商，不進行草案逐條審查，改以行政命令的方式，合理調整課稅，但「分離課稅」是財政部的底線，絕對不允許採行分離課稅。時任財政部長張盛和回應：「為扶持國內藝術品拍賣市場，在不影響稅制完整性之前提下，本部可檢討降低個人從事藝術品交易之所得稅負俾與大陸、香港相當。」

二○一五年十二月三十一日，我發現財政部賦稅署真的出了一份《財政部核釋個人拍賣文物或藝術品之財產交易所得計算規定》公告：「自一○五年一月一日起，個人提供古董及藝術品在我國參加拍賣會之所得，其能提示足供認定交易損益之證明文件者，依所得稅法第十四條第一項第七類規定，以交易時之成交價額減除原始取得之成本，及因取得、改良及移轉該項資產而支付之一切費用後之餘額為所得額；如未能提示足供認定交易損益之證明文件者，以拍賣收入按六%純益率計算課稅所得。但稽徵機關查得之實際所得額較按六%純益率計算之課稅所得額為高者，應依查得資料核計之。」函釋中財政部補充說明：「個人拍賣藝術品之課稅所得，改以拍賣收入按六%純益率計算，其實質租稅負擔率將落在○．三%～二．七%區間，使我國稅負與大陸、香港相當，有助提高國際收藏家來臺參與拍賣意願，活絡國內藝術品拍賣市場。」

多麼振奮人心的訊息呀！純益率從原先的十五%調整到六%，實質租稅負擔率從○．七五%～六．七五%，調整後將落在○．三%～二．七%區間，調降一半以上。在這麼短的時間，竟然能夠突破過去的桎梏，獲得財政部善意的回應，雖然在當時推動「分離課稅」的主張並沒有完成，但稅率調低對於拍賣的產業及收藏界來說，真是非常大的舞鼓。

人生就像一個大舞台，每個人都有自己所要扮演的角色。至於要扮演什麼樣的角色，由自己去決定。推動調整拍賣實質利得稅負，長期以來有眾多熱心於產業發展的先進們，鍥而不捨的投入與振臂疾呼，而我剛好被巧妙機緣牽引其中，無私無欲，做了我認為該做的事，機會來得不早

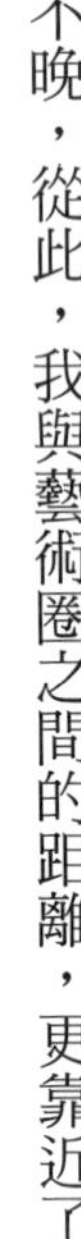

不晚，從此，我與藝術圈之間的距離，更靠近了！

拍賣場人生小領悟

當機會向你微笑時，趕快擁抱她，莫失之交臂。

2015 年 8 月拍賣稅制合理化公聽會
游文玫發言

34 分離課稅的折衝協商

那是一方封門青田石方章，其印文刻有「春愁怎畫」四字，乃取自有「宋末四家」之稱的南宋詞人蔣捷《絳都春》之詞，首句「春愁怎畫」四個字成印，此為張大千的「大風堂」自用印。蔣捷身處南宋末年離亂之世，其所處大時代背景，或許正與張大千於民初之時所遇景況相去不遠，因而張大千以古人詩詞寄寓一己胸懷，而有以「春愁怎畫」四字入印鈐畫之思。此印由方介堪操刀篆刻，一九三〇年左右，張大千便因畫展所需，委請方介堪為其刻印五十餘方，爾後十餘年，雙方交情漸篤，方介堪亦陸續為張大千治印，其中包含不少張大千書畫上常見之經典印作。此印珍貴之處在於方介堪治印邊款文字多，尤其二行小字款更見秋毫精勁。

「春愁怎畫」方章以新台幣一千萬創下台灣篆刻印最高拍賣市場紀錄，二〇二二年十二月二十五日，我執槌「大風堂祕藏」專場，以預估價六十萬元報出起拍價，買家們熱烈出價，隨著號碼牌此起彼落在場內閃現，我即時宣布牌號及應價，過程中，買家競價節奏平穩無停滯，最終以新台幣一千萬落槌，打破二〇二二年春拍，由我執槌大風堂自用印「老棄敦煌」新台幣九百萬的保持紀錄，再次刷新張大千自用印世界紀錄。「春愁怎畫」方章以一千萬落槌，賣家應該繳多少稅金呢？且讓我們來幫他算一算，也藉此說明台灣近幾年為了活絡藝術產業對於賣家所得稅制改革的歷程。

台灣對於藝術品交易賣家所得稅制改革歷程可分為二階段，上一篇文章所述第一階段是二〇一六年財政部對於「純益率」與「實質租稅負擔率」的調降；本篇要撰寫的是第二階段，二〇二一年《文化藝術獎助及促進條例》的施行，為拍賣所得可採行「分離課稅」提供法源依據，時隔五年半，終於完成二〇一五年想推動藝術品交易稅制合理化的原始構想。

之前所得稅法修法的功虧一簣，只通過了調降稅率，但二〇一九年香港政局的變化，則為台灣藝術產業推動未竟的分離課稅稅制改革，提供了一個新的契機。二〇一九年二月十三日，香港政府宣布修訂《逃犯條例》，之後香港社會出現抗議風潮與民心動盪的「反送中」運動，再加上中美關係非常緊繃，香港作為亞太藝術交易中心的特殊地位也備受挑戰，亞洲國家包括台灣、日本、韓國均嗅聞到香港政局不穩的氣息，紛紛思考怎麼樣可以取代香港，成為新的亞太藝術交易中心。

二〇一九年，施義芳立委接受洪三雄先生的建議，在立法院提案修改所得稅法，希望就文物、藝術品拍賣所得，改為「分離課稅」。以拍賣會落槌價「一%就源扣繳」，取代現行併入綜合所得、累進稅制的課稅方式，修法草案獲得二十位立委連署，並於十月三十一日舉辦公聽會，當天國巨基金會董事長陳泰銘、前清翫雅集理事長洪三雄，親自現身立法院稅務公聽會為藝術界發聲。遺憾的是當天出席的稅學界教授以「所得稅法尊嚴」、「稅務公平正義」、「稅短」和

「圖利富人」等理由，反對變更現行的合併扣徵方式，顯然對台灣藝術產業了解有限。隨著立法院第九屆任期的結束，終究無法突破「分離課稅」修法的困境，但藝術界的熱心推動者卻不曾停下腳步，正伺機在新一屆的立法院提案捲土重來。

新屆期從二〇二〇年二月開始，修法仍然醞釀推進著，身為執政黨的民進黨團已有修法共識，但在立法院作為反對黨的國民黨團，刻意對此案表達不同意見。這時，輪到我登場，負責邀請藝術界代表共同遊說國民黨團，前後共安排兩場。二〇二一年一月十一日，我安排中華民國畫廊協會、台灣視覺藝術協會（視盟）、中華文物藝術拍賣協會、台灣文化法學會、典藏雜誌社、藝科智庫、臺北市藝術創作者職業工會、羅芙奧藝術集團等視覺藝術代表，就《文化藝術獎助條例修正草案》中，關於租稅優惠條文內容，拜會國民黨團說明，讓黨團更了解產業的心聲；二〇二一年三月十九日，我又繼續安排文物拍賣團體拜會中國國民黨立法院黨團，所幸國民黨團在有條件的狀況下同意修法，朝野協商以增加分離課稅方案，採十年落日條款的約定，最終達成朝野修法共識。二〇二一年四月三十日，立法院三讀通過《文化藝術獎助及促進條例》，後於二〇二一年五月十九日由總統頒布實施。其中第二十九條第一項規定：「經中央主管機關認可之文化藝術事業，在中華民國境內辦理文物或藝術品之展覽、拍賣活動，得向中央主管機關申請核准就個人透過該活動交易文物或藝術品之財產交易所得，由該文化藝術事業為所得稅扣繳義務人，於給付成交價款予出賣人時，按其成交價額之百分之六為所得額，依百分之二十稅率扣取稅款，免依所得稅法規定課徵所得稅。」

從此，分離課稅終於取得法源依據，賣家可以選擇是否分離課稅，若採行分離課稅，納稅義務人由拍賣公司承擔，拍賣公司從售價中扣除稅金，代為扣繳完稅，不用再納入次年的個人綜合所得稅申報。二〇二一年十一月十九日，依《文化藝術獎助及促進條例》第二十九條第四項規定的施行辦法《文化藝術事業辦理展覽或拍賣申請核准個人文物或藝術品交易所得採分離課稅辦法》公布實行，藝術品交易所得課稅方式，終於將推動分離課稅的目標實現。爭取長達二十餘年的藝術產業稅制合理化過程中，眾人齊力不懈、多方折衝，方有今日的成果。

講了那麼多，我們還要回答本文前段的問題，「春愁怎畫」方章以一千萬落槌，賣家應該繳多少稅金呢？我來算給大家看，若是二〇一六年之前，假設賣家的綜合所得累進稅率為最高四十五%，則須繳六十七．五萬；若是在二〇一六年調降「實質租稅負擔率」之後，假設賣家的綜合所得累進稅率為最高四十%，則須繳二十四萬；若是在二〇二一年五月十九日之後，由於已通過《文化藝術獎助及促進條例》對於分離課稅的修法，賣家得採一．二%定額就源扣繳，則只要繳十二萬。由於此件大風堂自用印，「春愁怎畫」是在二〇二二年交易，歷經了稅制變革，若賣家選擇分離課稅方式完稅，稅金額度是十二萬。

從這個複雜而漫長的課稅修法故事裡面，除了了解修法內容及過程，或許你看到一堆數字感到枯燥而想略過，但我仍盼著你能跟我一起還原當年自己的親身經歷，從二〇一二年十月我第一次接觸拍賣稅制是怎麼一回事，到二〇二一年五月見證完成推動稅改，前後八年七個月，我深深體會「困難是人心的自我設限，突破是無私無我的信念，最後的成功靠的是眾志成城的堅持」。

拍賣場人生小領悟

涓滴之水終可穿石，不是由於它力量強大，而是不捨晝夜的堅持。

為爭取拍賣所得分離課稅，安排藝術團體拜訪國民黨團

35 從最後一排站上第一排

書房是住家裡我最喜歡的空間，每當整理書房時，都會發現一些未曾留意的過往人生軌跡紀錄，趁著颱風假期，我沉浸在書中世界，無意間發現二〇一五年九月十一日「中華文物藝術拍賣協會」舉行成立酒會的大合照，場景是在寒舍艾麗酒店的大宴會廳，貴賓及會員們依序排排站，我被安排站在最後一排，或許是依輩分，也或許是我們相較之下看起來年輕資淺。

望著照片，再看看書架上面擺放的「中華文物藝術拍賣協會」第五屆理事長當選證書，心中萬般感觸湧上心頭。當年協會成立酒會大合照，坐在前排C位的是創會理事長郭亨政先生，之後歷經了劉廷振、鄭筑尹、劉熙海等共四位理事長們的接棒，二〇二三年二月十七日交棒給我，我很想跟大家分享這段「從最後一排站到第一排」的故事，並不是想說我有什麼成就，而是想告訴大家：「一旦認定這是一件有意義的事情，從開始的基礎學習，不間斷的努力，加上無私奉獻的心，大家終究還是會看到你擁有的能量，那是一種激勵人生的過程，一則勵志的故事」。

讓我先來談一談，「中華文物藝術拍賣協會」到底是一個什麼樣的協會？它是如何被催生的呢？這要從二〇一〇年開始講起，由於兩岸當時有許多藝術文化交流及合作，全國文物藝術拍賣公司如雨後春筍般紛紛成立，開始活躍了起來，例如一九九四年成立迄今的宇珍拍賣，新興成立的拍賣公司金仕發、帝圖、富博斯、正德、門德揚、富德、德謙文化等等，總共有十五家拍賣公司，基於國際交流、同業資訊交流、拍賣期程安排、爭取產業稅負競爭力等目標下，二〇一四年十二月三十一日，依法完成籌備准予立案，成立台灣第一個系統性的拍賣組織「中華文物藝術拍賣協會」，希望替台灣藝術拍賣產業建立良性的拍賣平台及公平的拍賣制度。

台灣藝術品的收藏風氣發展甚早，無論從美術館之興起，如早年各具代表的國泰美術館、鴻禧美術館、奇美博物館，到收藏團體如清翫雅集，中華文物學會及各類收藏協會的成立，乃至廣大的民間私人典藏，台灣具有收藏華人藝術品最深厚的基石。多年來，香港、北京、東京，甚至紐約、巴黎、倫敦，全球各地拍賣公司前仆後繼，來台招商徵集拍品。台灣在全球藝術市場，不僅有重要深厚購買實力，更貢獻無數稀珍的拍品，為各地區藝術品產業與拍賣公司發展，創造無以估量的價值，但是境外拍賣公司在台灣徵集到拍品之後，到國外舉辦拍賣會，致使本地稅收流失，消蝕台灣拍賣產業的支撐力量，因此，有必要成立本土的產業協會，集中力量為產業發聲，爭取在國際間具有競爭力的合理稅制，這是成立協會的初衷之一。

另一個成立的動機是著眼於國際交流。中國大陸的全國拍賣業於一九九五年六月在北京成立，這個全國性行業組織稱為「中國拍賣行業協會（China Association of Auctioneers, CAA）」，簡稱中拍協。以當時兩岸的氛圍，民間交流需要互相對等的團體，由於台灣尚未有具產業代表性的團體，若要彼此借鏡產業經驗，似有成立台灣拍賣業的代表團體之必要，於是才有組織「中華文物藝術拍賣協會」的倡議。

成立的緣由之三是來自於同業自律。在還沒有成立拍賣協會之前，由於國際慣例是春秋兩季舉行拍賣會，所以大家在選擇拍賣會時間期程，經常重疊撞期，造成買家趕場不及，漏失想要拍的拍品，在彼此競爭的狀況下，互相消磨戰力。因此，協會的成立正可成為大家協調拍賣會舉辦時間的平台，在年度開始之初，即秉持誠意先行協調，不僅讓各拍賣公司提前確認每一場拍賣的時間，同時也讓買家們能夠及早規劃經費的運用，以及時間的安排，避免互搶客人的窘境發生。

理由之四是交換同業資訊，例如黑名單的討論，以及對政府法規的實施與理解。各位一定很好奇，一群拍賣公司老闆們在一起開會，他們最常聊到的話題是什麼呢？話題最可能涉及的是哪一個拍品拍出去之後，買家沒有交割，這對拍賣公司來講是最大的痛點。從中國拍賣行業協會公布的《2022中國文物藝術品拍賣市場統計公報》顯示，截至二〇二三年五月十五日，年度一六四．六五億元成交額，結算率是五十四．二一％。可見「付款問題」是當前拍賣業難以迴避的挑戰，雖然在台灣及歐美延遲或拒絕交割的現象相較輕微，但是黑名單的存在，在同業間仍是重要的資訊。拍賣官在拍賣台上，順利將拍賣品拍出去，對拍賣公司來說更重要的是如何收到款項？交割率對於拍賣公司營運十分關鍵，如果有某位買家每一次向他收款時，經常出狀況，可能拍賣公司老闆會善意提醒同業留意。

在加入協會的過程當中，我首先是為協會與海外的中國拍賣行業協會搭橋建立溝通管道，其次是完成了降稅的目標，第三是赴海外交流產業經驗，並間接促動大陸一百年以內的藝術品、收藏品之關稅調降。

二〇一五年，中國拍賣行業協會長張延華女士來台，藉此之機，我安排兩岸的拍賣協會會長於五月二十二日見面互相交流。對於拍賣業民間團體的發展，中拍協具有較為完善的規章制度，組織規模也較為健全，正可為新成立的「中華文物藝術拍賣協會」提供克服產業困境的經驗。我在兩岸拍賣產業社團會長們的見證下，接受「中華文物藝術拍賣協會」的顧問聘書，同期與我一起擔任顧問的還有寒舍集團藝術顧問王定乾先生，以及電視《國寶檔案》主持人戴忠仁先生。

在協會創會初期，其實我早已參與進行拍賣稅制合理化的推動，因此，在協會成立之後，於二〇一六年一月一日起，即迎來第一階段調整稅率的好消息。二〇一六年一月四日，第一屆理事長郭亨政向我致贈感謝狀：「欣聞藝術拍賣稅制合理化，已獲財政部同意自一〇五年一月一日大幅降低交易稅負，全國同業及收藏界均感雀躍，振奮不已。感謝顧問長年為台灣藝術產業努力，默默付出，熱心服務，並獲致具體成果，相信對未來台灣藝術市場之發展和文創產業之提振，有正面長遠之影響，實功不可沒。謹此代表協會及所有藝術界同業，特申謝忱。誠盼能再接再厲，繼續為藝術文物分離課稅目標奮進，共創台灣藝術市場及文創產業之光明前景。」

二〇一六年四月十三日至十六日，我受邀出席「2016 中國文物藝術品拍賣市場年度峰會暨中拍協藝委會年會」，並於四月十五日以「臺灣與大陸藝術市場的互動願景」為題發表演講。當時大陸藝術品的高關稅，將國外運輸入境的藝術品阻絕門外，透過演講，我建議應該成立藝術品關稅課題組，進行重點國家或地區文物進出境管理及稅率情況的研究計畫，再依此研究成果提案。沒想到中拍協竟然採納我的建議，隨後於二〇一六年六月即成立課題組並展開工作，經二〇一六年七月一日至八月十日調查研究之後，九月通過課題審定會，再送交提案。二〇一七年一月一日，大陸關稅稅則委員會審議通過《2017 年關稅調整方案》，方案中對於進口一百年以內的藝術品、收藏品之關稅調降，其中「油畫、粉畫及其他手繪畫原件」、「雕版畫、印製畫、石印畫的原本」、「各種材料製的雕塑品原件」三個稅則號的關稅暫行稅率，從六％降至三％（附註：正常稅率為十二％，二〇一二～二〇一六年暫調至六％）。一場長沙的演講如何成為大陸關稅調整的契機？這是我無心插柳之舉，抑或可視為天時、地利、人和，水到渠成之果。

二〇二三年二月十七日，「中華文物藝術拍賣協會」進行理事長改選，由我當選第五任理事長，是首位非拍賣公司負責人而能擔任理事長的專業拍賣官。蓋因協會發展至今，雖已有規章及運作機制的雛型，但對於會務資料的建立與秘書長人才的培養，尚須進一步精進，由於我在人民團體中，已長年累積豐厚的組織經驗，會員們希望我在任內達成此一目標，並繼續對外拓展協會知名度。

猶記得創會成立大會的場景及使命，我以八年的時間，從最後一排走向第一排，我抬頭挺胸，沒有猶豫，敢於承擔人生的磨練及眾人的付託。

拍賣場人生小領悟

「承擔」能給人力量，也可以具足自信。

中華文物藝術拍賣協會成立慶祝酒會

以中華文物藝術拍賣協會理事長身分，頒發理監事會聘書

中華文物藝術拍賣協會創會理事長郭亨政與中國拍賣行業協會張延華會長

擔任中華文物藝術拍賣協會第五屆理事長，主持理監事會

36 拍賣場的人生故事 Podcast

Podcast 是什麼？Podcast 的名稱來自於 iPod ＋ Broadcast 的組合，其實就是「聲音的節目」。Podcast 跟傳統廣播不同的地方是可以將節目音檔錄好，放在 Podcast 平台上，讓聽眾自由選擇要聽的時間跟主題，對聽眾的好處是不用 Live 收聽，隨選隨聽，想停就停，也可以把音檔下載存取離線收聽，有喜歡的節目還可以訂閱，不漏掉任何新單集。因此，Podcast 經營的聽眾群更集中，黏著度更高，能精準傳達議題或內容給感興趣的群眾。另一方面，由於網路上隨時可以收聽 Podcast 已上架的內容，形成 Podcast 具有長尾效應的優勢。更因為網路科技的無遠弗屆，時時刻刻，全世界都可能聽見 Podcast 節目，這種「解放雙手，讓眼睛休息，只用耳朵聽」的資訊傳播形態，從二〇一九年開始在台灣爆紅。

Podcast 的創作者被稱為 Podcaster，我從來沒有想到，有一天我會成為一位 Podcaster。二〇二二年，在一次訪談的機會裡，我認識了新創公司聲鮮時采科技的兩位創辦人李學文與王薇瑄，在聊天的過程中，他們對於我兼具拍賣官的背景十分好奇，我也跟他們聊到我的斜槓人生，從他們兩位眼神裡射出的光芒，我知道我的拍賣場人生故事吸引了他們的興趣，恰好這家新創公司也正陸續籌備自製節目，於是我們就一起催生《拍賣場的人生故事》Podcast 節目。

其實一開始我的動機是很單純的，我只是想透過我的故事或是我的經驗，將拍賣會的小知識分享給聽眾，尤其是我經常受邀演講，但演講的時間有限，無法完整闡述整個拍賣產業的細節，而聽眾又是如此的好奇，往往在演講過後聽眾們總是覺得意猶未盡，這樣的狀況越來越多，加上當時坊間並無以拍賣官經驗為出發的專業節目，於是雙方達成共識，以拍賣場為主題企劃製作，一方面我想推廣大家對於拍賣產業的認識，二來也想把我周遭所遇到的人、事、物等有趣的故事以及專業知識帶給聽眾，於是二〇二三年一月誕生了全台灣第一個以拍賣官親身經歷的故事，貫穿節目內容的《拍賣場的人生故事》，應可視為藝術推廣的行動吧！

如何用聲音來表現視覺的內容呢？這真是一個高難度的挑戰，尤其台灣有約三萬檔以上的Podcast節目，競爭極為激烈的狀態下，如何構思品牌策略及定調內容，是一開始要慎思的問題。我想做一個讓聽眾「看得見、有畫面、聽得懂、有劇本、有掌握、有故事、有專業、有溫度」的節目。

所謂看得見、有畫面，講的是在描述藝術品或作品的時候，主持人或來賓需要用語言表現出畫面感；所謂聽得懂，是指在選題或者在講述藝術品的過程中，要關注聽眾的生活經驗與一般認知，過於艱澀難懂的詞句，我都會再詳細描述或是鼓勵聽眾後續上網搜尋進一步資訊；所謂有劇本、有掌握，是指整個訪問的過程，我都會事先跟來賓溝通訪綱，訪綱會按照節目進行的「起、承、轉、合」等節奏，由於Podcast節目最佳時間長度是三十分鐘，要在有限的時間，準確傳遞資訊，掌控時間與步調，就必須分配得當；所謂有故事，是指藝術專業知識，也需要故事來印證，透過講故事吸引聽眾的專注力以及記憶點，有趣的故事往往成為聽眾持續收聽的黏著劑；有專業當然是指一集節目聽下來，要讓聽友有專業知識的收穫，聽友們最常給我的回饋是：「你的節目內容太豐富，往往聽一遍不夠，還要反覆多聽幾遍，順便做一點小筆記。」

最後，我想做一個有溫度的節目，在《拍賣場的人生故事》最後結語的時候，設計《拍賣場人生故事小領悟》的單元，這個單元是我聽完了來賓所講述的內容之後，結合我的拍賣場經驗，所感悟的體會，希望透過小領悟的分享，讓聽眾感受節目想傳達的人生智慧與人性溫度。

剛開始起步試錄時，我不斷地摸索 Podcast 到底要用什麼樣的聲音語調來呈現？幾經雕琢，終於在二〇二三年一月五日推出我的首播單集《EP1—拍賣初試啼，國會之花如何變拍賣女王？》。在內容規畫部分，每一季都是有策略性的讓聽眾養成收聽習慣，第一季先從大家最好奇的——我如何轉行接觸拍賣產業開始說起，逐步導入拍賣是怎麼來的？拍賣會拍什麼樣的拍品？以及從古到今，從台灣到國際的拍賣產業發展概況，與政府鼓勵產業的稅制改革。第一季想要呈現的是一個整體的輪廓，先讓大家有基本概念。經過了第一季十集內容的營造，到了第二季，我邀請陸潔民、張烜榮、劉家蓉、劉冠廷、郭予廷、戴忠仁等六位在台灣曾經擔任過拍賣官的友人，分別從拍賣會主持應有的準備、拍賣官的幕後趣聞、拍賣官的風格技巧、拍賣官的眼力與觀察力、拍賣官的記憶力、拍賣官駕馭全場的節奏感、拍賣官對於心理學的掌握等有趣的議題，加上我個人拍賣經驗的融入與呼應，讓來賓訴說個人的執槌經驗及有趣故事，因為大家對於拍賣官這一份職業深感好奇，於是我利用第二季總共十集的內容，滿足聽眾們探索之心，以及對於拍賣官這個職業的進一步認識。曾經有聽眾在留言區寫道：「我一直覺得拍賣官好酷，這個節目聽到拍賣官的內心世界，真的好好玩！」

第三季開始介紹知名藝術家，我選取了十位知名的藝術家，作為單集主題，而這十位藝術家的作品，都是我曾經在台灣執槌紀錄中，創下最高拍賣成交價的藝術創作者，他們是藝術家中的頂尖人物，我認為應該讓聽眾對他們多所了解。例如在第三季《S3 EP5—「曠代草聖」——于右任》時，邀請黃智陽教授來談于右任，右老在台灣留下的書跡無數，包括行天宮的匾額、東海大學、台灣電力公司的 LOGO，小籠包連鎖店招牌「鼎泰豐」三字，都是出自于右任之手。聽眾就曾在留言區寫道：「第三季越來越好聽，我推薦給好幾個朋友。像是鼎泰豐的招牌字是于右任寫的，之前真的不知道，非常有趣。」聽故事也長知識，藝術大師其實距離大家不遠，他們的創作軌跡在我們的生活當中隨處可見，只是從未被察覺而已。

第四季以後就進入單一種類的創作或者媒材的介紹，由於拍賣會中的拍品包羅萬象，所以第四季以後的節目規劃有如船行大海，不再受特定主題的約束，任何的題目，只要我能邀請到業界專業的主講人，就可一一推出各類藝術品精彩的節目，以饗聽友。

《拍賣場的人生故事》每週四推出新單集，由我親身經歷的拍賣會故事，貫穿節目內容，不間斷地每個禮拜更新節目，內容的擇定對我來說的確蠻有壓力。因為想邀請的來賓都是該領域的專家，而我憑藉著在平常準備拍賣會拍品的資訊作為基礎，但要與專家訪談，則深感自己的不足，尤其撰寫邀請通告時，必須擬定訪綱，如何問出好問題？如何兼顧不同程度的聽眾，而能夠問出藝術愛好者及行家們都能聽得懂的內容？確實是一項很大的挑戰，我的習慣是凡事必須要有準備，因為事前的充分準備，讓我不慌亂且充滿自信。有人曾經問我：「妳本身的工作就已經夠忙碌了，哪還會有時間來準備 Podcast 大量的專業資料呢？」其實我每次回到家都泡在書房查閱資料，尋找靈感，還要構思哪一類的題目適合邀請哪一位專家、行家或學者，雖然準備的過程極為辛苦，剝奪了我休息的時間，但是當我看到聽眾留言說：「主持人很有料！」短短一句話的回饋，一切的辛苦也就值得了。

分析兩年來《拍賣場的人生故事》節目聽眾結構，在性別方面，女性占五十四%，男性占二十%，還有二十六%是未指定；年齡分布主要是二十八歲到四十四歲的青壯年為最主要，占四十一%，其次，年輕的聽眾也是不可忽視的族群，從十八歲到二十七歲，占了三十六%；第三是四十五歲以上占二十三%；聽眾分布國家（地區）當然以台灣為最主要，占了九十%以上，其次是日本、美國、新加坡、香港、馬來西亞，都有一定的聽眾群；在台灣，收聽群還是以台北為最主要，占五十七・四%，其次是新北、桃園、台中、台南，似乎這個分布的趨勢也跟台灣藝術人口有正相關。

在眾多的故事中，透過數據統計，很驚喜的發現排名前五名的單集，由我獨挑大梁主講的《S3 EP4—聖旨是一式兩份？「蓋章狂魔」乾隆皇帝竟然這麼厲害？》，以及《S3 EP3—東方張大千與西方畢卡索的高手過招！》，這兩集分居冠、亞軍，第三名是邀請資深拍賣官陸潔民擔任來賓的《S2 EP5—藏寶有道：拍賣官的風格與技巧》，第四名是拍賣官張烜榮擔任來賓的《S2 EP4—從麥克風到拍賣品，拍賣會的幕後趣聞》，第五名是拍賣官劉冠廷擔任來賓的《S2 EP6—眼力無敵！拍賣官的觀察力》，可見聽眾對於由我講說知名藝術家的故事，十分捧場，而「拍賣官」們如何稱職地完成執槌角色的祕辛，話題仍是魅力無限。

《拍賣場的人生故事》節目製作如今早已經超過一百集，嘗盡酸甜苦辣，卻也締造多項紀錄，本節目曾榮獲台灣紀實類 Podcast 第一名；在台灣所有總計約三萬檔以上的 Podcast 中，最高排名第七十一名；根據聆聽分數調查，估計受歡迎度分數進行排名，《拍賣場的人生故事》在二〇二四年，名列全球三三〇萬檔 podcast 中最受歡迎的前一％節目。這些光榮的數字背後，代表的是聲鮮時采團隊有效的行銷策略，加上我與眾多來賓共同累積專業智慧的成果。

這檔節目帶給我的是收穫知識，收穫友誼，收穫認同，雖然我不知道節目要做多久？路要走多遠？但我可以確定的是拍賣場的人生故事，將繼續演繹傳誦下去。

收聽《拍賣場的人生故事》全平台萬用連結：https://open.firstory.me/user/auction/platforms

拍賣場人生小領悟

落槌的那一刻，成交的不僅是拍品，也是他們的故事。

到南美館演講

國家圖書館演講

中山大學演講

1	2	3

4	5	6	7

1 訪問劉家蓉拍賣官
2 訪問劉冠廷拍賣官
3 邀請黃智陽教授談于右任
4 訪問戴忠仁拍賣官
5 訪問張烜榮拍賣官
6 訪問郭予廷拍賣官
7 訪問陸潔民拍賣官

PEOPLE 540

拍賣場的人生故事

一槌破億的藝術拍賣官幕後驚奇

作　者—游文玫
圖片提供—游文玫
主　編—謝翠鈺
責任編輯—廖宜家
行銷企劃—鄭家謙
封面設計—魚展設計
美術編輯—張淑貞

董事長—趙政岷
出版者—時報文化出版企業股份有限公司
108019 台北市和平西路三段二四〇號七樓
發行專線—（〇二）二三〇六六八四二
讀者服務專線—〇八〇〇二三一七〇五
（〇二）二三〇四七一〇三
讀者服務傳真—（〇二）二三〇四六八五八
郵撥—一九三四四七二四時報文化出版公司
信箱—一〇八九九　台北華江橋郵局第九九信箱
時報悅讀網—http://www.readingtimes.com.tw
法律顧問—理律法律事務所　陳長文律師、李念祖律師
印刷—華展印刷有限公司
初版一刷—二〇二五年一月十七日
初版三刷—二〇二五年三月三日
定價—新台幣四八〇元
缺頁或破損的書，請寄回更換

時報文化出版公司成立於一九七五年，
並於一九九九年股票上櫃公開發行，於二〇〇八年脫離中時集團非屬旺中，
以「尊重智慧與創意的文化事業」為信念。

拍賣場的人生故事：一槌破億的藝術拍賣官幕後驚奇 / 游文玫著 . -- 初版 . -- 臺北市：時報文化出版企業股份有限公司 , 2025.01
面；　公分 . -- (People ; 540)
ISBN 978-626-419-112-8 (平裝)

1.CST: 藝術品 2.CST: 藝術市場 3.CST: 拍賣 4.CST: 拍賣市場

489.71　　113019014

ISBN 978-626-419-112-8
Printed in Taiwan